Lehrbuch
der
Technischen Mechanik

Von

Martin Grübler
Professor an der Technischen Hochschule zu Dresden

Erster Band
Bewegungslehre

Zweite, verbesserte Auflage

Mit 144 Textfiguren

Springer-Verlag Berlin Heidelberg GmbH 1921

ISBN 978-3-662-39058-0   ISBN 978-3-662-40037-1 (eBook)
DOI 10.1007/978-3-662-40037-1

Vorwort zur ersten Auflage.

Die Veranlassung zur Herausgabe meiner Vorlesungen über technische Mechanik an der hiesigen Technischen Hochschule war in erster Linie die Rücksicht auf das Bedürfnis meiner zahlreichen früheren Hörer, die zurzeit im Felde stehen, einen Leitfaden zu erhalten, der sie in den Stand setzt, vorhandene Lücken auf dem Gebiete der Mechanik selbständig auszufüllen, früher gehörtes aufzufrischen und ihr Verständnis zu vertiefen. Mitbestimmend war der Umstand, daß die Zahl der Mechanik-Lehrbücher, welche die Bewegungslehre zum Ausgangspunkt nehmen und auf ihr die übrige Mechanik systematisch und folgerichtig aufbauen, in Deutschland nicht sehr groß ist. Endlich war von Einfluß auf meinen Entschluß die Überzeugung, daß die Art und Weise, wie ich gewisse Grundfragen in meinen Vorlesungen — abweichend von dem zumeist Üblichen — behandle, auch außerhalb meines Hörerkreises Interesse zu erwecken vermöchte.

Bei der Abfassung meines Buches leitete mich dieselbe Absicht, wie in meinen Vorlesungen, nämlich die wesentlichsten Lehren der Mechanik systematisch derart zu entwickeln und ihr Verständnis dem Leser zu erschließen, daß er hierdurch in die Lage kommt, die Anwendungen dieser Lehren selbständig und wissenschaftlich richtig zu machen. Inwieweit es mir gelang, diese Absicht zu verwirklichen, kann allein der Erfolg zeigen. Bezüglich der Auswahl und der Behandlungsweise des Stoffes bestimmte mich stets die Rücksicht auf die technischen Bedürfnisse und Anwendungen, obwohl das manchem nicht durchweg so erscheinen mag.

Daß ich die Vorlesungen in drei Bänden herausgebe, entspricht der Teilung des Stoffes, wie sie teils sachlich, teils durch die Anforderungen der auf der Mechanik fußenden Wissenschaftsgebiete an den technischen Hochschulen bedingt wird. Ich hoffe, dem vorliegenden ersten Bande den zweiten, der die Statik der starren Körper einschließlich der graphischen Statik umfaßt, baldigst folgen lassen zu können. Der dritte Band soll die Dynamik der starren Körper bringen und damit das Werk abschließen.

Literaturangaben habe ich unterlassen können, nachdem die Bände Mechanik der Enzyklopädie der mathematischen Wissenschaften (B. G. Teubner, Leipzig und Berlin) erschienen sind, die in dieser Hinsicht auch den weitestgehenden Ansprüchen genügen.

Dem Verleger bin ich für die rasche und sorgfältige Drucklegung sowie Ausstattung des Buches trotz der durch die Kriegszeit bedingten Schwierigkeiten zu wärmstem Danke verpflichtet. Ferner danke ich an dieser Stelle auch meinem früheren Assistenten, Herrn Dipl.-Ing. Dr. H. Alt in Dresden, für seine Mitwirkung bei der Herstellung der Textfiguren.

Möchte das Buch meinen früheren und jetzigen Hörern zu dem erwünschten Leitfaden werden und auch außerhalb dieser Kreise sich die Anerkennung erwerben, ein für Studienzwecke geeignetes Werk zu sein.

Dresden, September 1918.

Martin Grübler.

Vorwort zur zweiten Auflage.

Die vorliegende zweite Auflage unterscheidet sich nur wenig von der ersten. Abgesehen von Verbesserungen von Fehlern im Text und in den Figuren ist in den ersten 11 Kapiteln nicht viel geändert worden. Nur das 12. Kapitel wurde etwas vermehrt und das 13. umgearbeitet, da es mir zweckmäßig erschien, die wesentlichsten Gründe anzugeben, die zu der neuen Relativitätstheorie führten.

Dresden, Dezember 1920.

Martin Grübler.

Inhaltsübersicht.

Einleitung.

Man pflegt als die Aufgabe der wissenschaftlichen Mechanik zu bezeichnen, Zustände und Zustandsänderungen in der sinnlich wahrnehmbaren Körperwelt, soweit sie sich auf Bewegungen zurückführen lassen, im voraus zu bestimmen, d. h. zu berechnen. Das ist nur möglich in den Fällen gesetzmäßigen Geschehens. Hierunter verstehen wir, daß unter gleichen Verhältnissen unabhängig vom Beobachter, von Ort und Zeit derselbe Zustand eintritt, oder die Zustandsänderung in derselben Weise verläuft. Die Vorausberechnung stützt sich auf gewisse mathematische Beziehungen zwischen meßbaren Größen, die durch messende Beobachtungen bzw. durch physikalische Versuche aus dem wirklichen Geschehen abgeleitet werden. In diesen Beziehungen treten Versuchskoeffizienten oder -konstanten auf, welche die Gesetzmäßigkeit des Geschehens insofern zum Ausdruck bringen, als die Koeffizienten sich innerhalb der Grenzen des bezüglichen Gebietes als unveränderlich erweisen. Es ist sonach die Mechanik und die Lösung ihrer Aufgabe von der Erfahrung unmittelbar abhängig.

Dagegen unabhängig von jenen Erfahrungsgesetzen ist der Teil der Mechanik, der sich mit den Bewegungen der Körper an sich beschäftigt. In ihm treten uns nur Raum- und Zeitgrößen in ihrem mathematischen Zusammenhang entgegen. Hierbei ist es gleichgültig, ob einem solchen Zusammenhange wirkliche, d. h. sinnlich wahrnehmbare Vorgänge entsprechen oder nicht. Es kann sonach dieser Teil, die sog. Bewegungslehre, auch rein abstrakt aufgefaßt und behandelt werden. Eine seiner Hauptaufgaben ist die Einführung gewisser rein begrifflich definierter Größen, die für die Beurteilung der Bewegungsvorgänge nötig und von großer Bedeutung sind. Besonders wichtig werden sie aber für die mathematische Formulierung gewisser grundlegender Naturgesetze, auf denen sich die ganze Mechanik aufbaut. Deshalb bildet die Bewegungslehre nicht nur die notwendige Grundlage, sondern auch den Ausgangspunkt der wissenschaftlichen Mechanik.

Die erwähnten Berechnungen, die wir als die Aufgabe der Mechanik hinstellen, setzen das Rechnen mit jenen begrifflich definierten Größenwerten als bekannt voraus, wie sie in der Mechanik viel auftreten. Sie sind durchweg benannte Größen, weshalb das Rechnen mit ihnen dem Anfänger mancherlei Schwierigkeiten und Zweifel bringt, sobald es an die zahlenmäßige Feststellung der Rechnungsergebnisse bzw. -ziele geht. Es dürfte deshalb eine kurze Erläuterung über das Messen und die Maße der in der Mechanik auftretenden Größenarten zweckmäßig sein, die dem eigentlichen Gegenstande der weiteren Darlegungen vorausgeschickt werden soll, um später immer darauf Bezug nehmen zu können.

Messen heißt zahlenmäßig vergleichen. Vergleichen lassen sich aber nur gleichartige Größen. Sind G und G_I zwei Größen derselben Art, z. B. zwei Längen, zwei Zeiten, zwei Gewichte usf., so ist ihr Verhältnis $G : G_I$ eine reine, d. i. unbenannte Zahl. Bezeichnen wir sie mit ζ, so besteht die mathematische Beziehung

$$\frac{G}{G_I} = \zeta,$$

die auch in der Form

$$G = \zeta \cdot G_I$$

geschrieben werden kann. In dieser Beziehung betrachtet man G_I als Maß oder Einheit der Größenart G, und dann drückt sie das Ergebnis der Messung aus. Wenn z. B. eine Länge $l = 15{,}2$ m ist, so bedeutet das Meter die Längeneinheit $l_I = 1$ Meter $= 1$ m, und es ist $\zeta = 15{,}2$, womit ausgedrückt wird, daß das Verhältnis von l zu l_I den Zahlenwert $\zeta = 15{,}2$ hat. Oder, wenn G ein Gewicht wäre, und zwar $G = 2{,}8$ kg, so hat man $G_I = 1$ Kilogramm $= 1$ kg zu setzen und $\zeta = 2{,}8$. Dabei ist zu beachten, daß die Größe G_I, die als Maß dient, an keinerlei Grenzen gebunden ist, es sei denn aus praktischen Rücksichten; sie kann daher willkürlich gewählt werden.

Die Anzahl der Größen, mit denen man es in der Mechanik zu tun hat, ist sehr groß und dementsprechend die ihrer Einheiten oder Maße. Da diese Größen aber mathematisch definierte sind, so lassen sie sich auf wenige Grundeinheiten oder Grundmaße zurückführen, und zwar mittels des Grundsatzes: man rechne mit benannten Größen ebenso wie mit unbenannten. Zwei Beispiele mögen diese Zurückführung erläutern. Bekanntlich ermittelt man den Flächeninhalt f eines Rechteckes, dessen Seiten die Längen a und b haben, durch die Beziehung

$$f = a \cdot b,$$

die darauf beruht, daß man das Rechteck in Quadrate zerlegt, deren Seitenlänge die Längeneinheit l_I ist. Bezeichnet f_I den Flächeninhalt eines solchen Quadrates und φ die Anzahl der Quadrate, die in dem Rechteck enthalten sind, so ist $f = \varphi \cdot f_I$. Andererseits kann man $a = \alpha \cdot l_I$, $b = \beta \cdot l_I$ setzen, falls α und β reine Zahlen bezeichnen, und eine einfache Überlegung zeigt, daß

$$\varphi = \alpha \cdot \beta$$

ist. Setzen wir die Werte für φ, α und β hierin ein, so erhält man

$$\frac{f}{f_I} = \frac{a \cdot b}{l_I \cdot l_I};$$

es folgt sonach, da $f = ab$ ist,

$$f_I = l_I \cdot l_I = l_I^2.$$

Es läßt sich folglich die Flächeneinheit durch Längeneinheiten ausdrücken bzw. auf sie zurückführen.

Allgemeiner läßt sich das wie folgt aussprechen: Soll der Inhalt einer Fläche als Produkt zweier Längen darstellbar sein, so muß als Flächeneinheit ein Quadrat gewählt werden, dessen Seite gleich der Längeneinheit und dessen Inhalt durch die Formel

$$f_I = l_I^2$$

darstellbar ist. Durch diese Beziehung, die man Dimensionsformel nennt, wird die Flächeneinheit auf Längeneinheiten zurückgeführt. Als weiteres Beispiel diene die Formel, die zwischen der Fallhöhe h beim freien Fall schwerer Körper im luftleeren Raum und der Fallzeit t besteht, nämlich

$$h = \tfrac{1}{2} g \cdot t^2,$$

in der g die Beschleunigung des freien Falles bezeichnet; sie ergibt sich hieraus zu

$$g = \frac{2\,h}{t^2}.$$

Da nun h als Länge in der Form $h = \lambda \cdot l_I$ und $t = \tau \cdot t_I$ geschrieben werden kann, wenn λ und τ reine Zahlen und l_I bzw. t_I die Längen- und Zeiteinheit sind, so findet sich

$$g = \zeta \cdot \frac{l_I}{t_I^2} = \zeta \cdot l_I t_I^{-2}.$$

In dieser Beziehung ist $\zeta = \dfrac{2\,\lambda}{\tau^2}$ eine reine Zahl, und sonach, weil $g = \zeta \cdot g_I$, die Einheit der Beschleunigung

$$g_I = l_I t_I^{-2}.$$

Diese Formel sagt, daß die Einheit der Beschleunigung auf Längen- und Zeiteinheiten zurückführbar ist, und zwar, daß sie von der 1. Dimension in Längen- und der — 2. Dimension in Zeiteinheiten sei. Man nennt Einheiten wie l_I und t_I Grundeinheiten, dagegen f_I, g_I usf., die sich auf Grundeinheiten zurückführen lassen, abgeleitete Einheiten. Die Dimensionsformeln für f_I, g_I usf. schreibt man auch häufig in der Form

$$\dim\left(f_I\right) = l_I^2, \qquad \dim\left(g\right) = l_I t_I^{-2}$$

usw. und sagt, die Fläche sei von der 2. Dimension in Längeneinheiten, die Beschleunigung von der 1. Dimension in Längeneinheiten und von der — 2. Dimension in Zeiteinheiten.

In der Bewegungslehre treten nur zwei Grundeinheiten auf, nämlich die der Länge und der Zeit, während in Statik und Dynamik noch eine dritte Grundeinheit hinzukommt. Alle die Größen, die uns weiterhin in der wissenschaftlichen Mechanik entgegentreten, werden durch mathematische Beziehungen definiert und ihre Einheiten sind daher auf drei Grundeinheiten zurückführbar. Die zu entwickelnden Dimensionsformeln haben den Vorteil, über die Gleichartigkeit oder Verschiedenartigkeit der eingeführten Größen Aufschluß zu geben, und ferner, daß man durch ihre folgerichtige Verwendung bei der Ausrechnung von Größen letztere sowohl zahlenmäßig als auch in den Einheiten richtig erhält.

Um die Anschauung zu unterstützen, ist es zweckmäßig, gewisse Größen durch Strecken darzustellen. Das geschieht, indem man für die Einheit G_I der betreffenden Größenart G eine bestimmte Länge λ festsetzt; dann stellt, falls

$$G = \zeta \cdot G_I,$$

die Strecke

$$l = \zeta \cdot \lambda$$

die Größe G selbst dar, und zwar in dem gewählten Maßstabe. Hierbei ist zu beachten, daß nicht $l = G$ ist, sondern

$$l \mathrel{\widehat{=}} G,$$

worin das Zeichen $\widehat{=}$ ausdrücken soll, daß die Länge l der Größe G entspricht, ebenso wie

$$\lambda \mathrel{\widehat{=}} G_I.$$

Wohl aber kann

$$l = \mu \cdot G$$

gesetzt werden, und dann ist μ der Größe wie der Dimension nach bestimmt durch

$$\mu = \frac{\lambda}{G_I}.$$

Die Länge λ kann hierbei ganz willkürlich gewählt werden, und es ist zu beachten, daß die λ, die den einzelnen G_I (auch wenn sie abgeleitete Einheiten sind) entsprechen, in keinerlei Zusammenhang stehen und unabhängig voneinander sind.

Die in der Mechanik auftretenden Größen unterscheiden sich darin, daß sie entweder an eine Richtung gebunden sind oder nicht; erstere nennt man gerichtete, letztere richtungslose Größen. So ist z. B. der Weg eines Punktes eine gerichtete Größe, die Zeitdauer seiner Bewegung aber richtungslos. Die Strecken, die gerichtete Größen darstellen, heißen Vektoren, die anderen Skalaren, und die Strecken λ, welche die Einheiten der Größen darstellen, Einheitsvektoren bzw. Einheitsskalaren.

An einem Vektor unterscheidet man einen Anfangs- und einen Endpunkt; letzterer wird gewöhnlich durch einen Pfeil bezeichnet und gibt den Richtungsinn des Vektors an. Der Anfangspunkt eines Vektors kann entweder ein bestimmter Punkt sein, oder er ist an eine bestimmte Gerade bezw. an einen bestimmten Raum gebunden; die Gerade, die den Vektor enthält, heißt dann Vektorlinie und der Vektor selbst linienflüchtig. Vektoren sollen künftig stets mit gotischen Buchstaben bezeichnet werden.

Die geometrische Summe zweier Vektoren $\mathfrak{a}$ und $\mathfrak{b}$ wird erhalten, wenn man im Endpunkt des einen Vektors $\mathfrak{a}$ den anderen Vektor nach Größe und Richtung anträgt; die Strecke, die den Anfangspunkt von $\mathfrak{a}$ mit dem Endpunkt von $\mathfrak{b}$ verbindet, genommen in dem Richtungssinn vom Anfangspunkt von $\mathfrak{a}$ nach dem Endpunkt von $\mathfrak{b}$, ist ein Vektor $\mathfrak{c}$, der die geometrische Summe von $\mathfrak{a}$ und $\mathfrak{b}$ darstellt. Man schreibt diese Summierung symbolisch in der Form

$$\mathfrak{c} = \mathfrak{a} + \mathfrak{b}.$$

Umgekehrt läßt sich $\mathfrak{a}$ oder $\mathfrak{b}$ als geometrische Differenz auffassen, also z. B.

$$\mathfrak{a} = \mathfrak{c} - \mathfrak{b}$$

schreiben. In gleicher Weise lassen sich beliebig viele Vektoren geometrisch addieren und durch einen Vektor ersetzen, der als letzte Seite eines Streckenzuges erhalten wird, indem man zu $\mathfrak{c}$ den folgenden Vektor $\mathfrak{b}$ usf. geometrisch addiert.

Um die Dimensionen der in den Gleichungen auftretenden Größen wahren und zugleich die Vorteile der geometrischen Addition benutzen zu können, werde ich an geeigneten Stellen die geometrische Addition durch das Zeichen $\widehat{+}$ ausdrücken, also z. B. $c = a \mathbin{\widehat{+}} b$ statt $\mathfrak{c} = \mathfrak{a} + \mathfrak{b}$ schreiben.

Von der Rechnung mit Vektoren, die für eine ganze Reihe von wissenschaftlichen Sondergebieten große Vorteile besitzt und sich dementsprechend sehr entwickelt hat, wird im folgenden nur die geometrische Addition benutzt, da sie für die Ziele, die diesen Ausführungen gesetzt sind, ausreicht.

Dagegen wird von einer zeichnerischen Darstellung der Änderung von Größen öfter Gebrauch gemacht, die eine gute Anschauung von Vorgängen liefert. Es sind das die sog. Schaulinien oder Diagramme, die den mathematischen Zusammenhang zwischen zwei Größen zur Darstellung bringen, und zwar mittels Kurven, deren Abszissen die unabhängig veränderliche, deren Ordinaten die abhängig veränderliche Größe veranschaulichen. Hierdurch ergeben sich geometrische Beziehungen an den Schaulinien, die zu wichtigen Begriffen führen, wobei die Maßstäbe der Darstellung der Größen durch Strecken eine nicht unwesentliche Rolle spielen.

I. Abschnitt.

Bewegungslehre.

Erstes Kapitel.

Die Grundbegriffe der Bewegungslehre.

Unter Bewegungslehre (Phoronomie, auch Kinematik genannt) soll die Wissenschaft von den Bewegungen der Körper an sich, d. h. ohne Rücksicht auf die physikalischen Gesetze und Bedingungen, unter denen sich die sinnlich wahrnehmbaren Bewegungen vollziehen, verstanden werden. In dieser Inhaltsangabe sind zwei Begriffe enthalten, die einer Klarstellung bedürfen.

Zunächst der Begriff Körper. Wir verstehen unter Körper hier ein rein abstraktes, geometrisches Gebilde, nämlich eine Anzahl geometrischer Punkte, ein sog. Punktsystem oder einen Punkthaufen; wir nehmen also auf die materielle bzw. physikalische, chemische und sonstige Beschaffenheit des sich Bewegenden keinerlei Rücksicht. Wir nennen den Körper starr, wenn die Entfernungen der einzelnen Punkte des Systems während seiner Bewegung sich nicht ändern; in jedem anderen Falle heißt er veränderlich.

Unter Bewegung eines Körpers verstehen wir die Änderung seiner Lage gegenüber einem anderen Körper, der Bezugskörper der Bewegung genannt wird. In den weitaus häufigsten Fällen wird der Bezugskörper als starr vorausgesetzt und der Beobachter der Bewegung mit ihm starr verbunden gedacht. Die Aussage, daß ein Körper sich bewegt oder in Bewegung sei, hat einen bestimmten Inhalt nur dann, wenn der Bezugskörper der Bewegung angegeben wird. Denn im allgemeinen ist die Bewegung eines Körpers für verschiedene Bezugskörper eine ganz verschiedene. So erscheint z. B. die Bewegung eines Flugzeuges einem Beobachter, der in einem Auto fährt, ganz anders, als einem auf dem Erdkörper in Ruhe befindlichen. Auch die Ruhe ist ebenso wie die Bewegung nur ein relativer Begriff. Wir kennen keine absolute Ruhe, da wir von keinem Punkte im Weltall festzustellen vermögen, daß er in Ruhe sei. Für die Beschreibung einer Bewegung ist es auch ganz unnötig. von dem Bezugskörper vorauszusetzen, daß er in Ruhe ist. Wenn letzteres gleichwohl häufig geschieht, so hat das seinen Grund in gewissen Wahrnehmungen, die wir als Beobachter auf in Bewegung befindlichen Bezugskörpern machen und zum Zwecke vereinfachter Darstellung der Bewegungen ausschließen wollen. So denkt man sich häufig die Erde als ruhenden Bezugskörper für Bewegungen an der Erdoberfläche, obgleich wir wissen, welche Bewegung sie gegen das Sonnensystem und mit diesem gegen den Fixsternhimmel hat. Im folgenden wird von der Annahme, daß der Bezugskörper einer Bewegung in Ruhe sei, nur in dem Sinne Gebrauch gemacht, daß die betrachtete Bewegung von der tatsächlichen Bewegung des Bezugskörpers gegen andere Körper nicht wahrnehmbar beeinflußt wird.

Bewegung ist gleichbedeutend mit Lagen- oder Ortsveränderung des bewegten Körpers gegen den Bezugskörper. Die Lage eines Körpers ist bestimmt durch die Lage bzw. den Ort der Punkte, aus denen er besteht. Die Bestimmung der Lage eines Punktes erfolgt geometrisch mittels Koordinaten; die verschiedenen Koordinatensysteme sind gleichberechtigt, wenn auch verschieden geeignet für die Probleme der Mechanik. Für die Ortsbestimmung auf einer Linie reicht eine Koordinate aus; auf einer Fläche sind zwei, im Raume drei Koordinaten nötig. Der geometrische Ort aller Lagen, die ein bewegter Punkt im Bezugskörper einnimmt, heißt die Bahn des Punktes. Die Bahn eines Körpers setzt sich aus den Bahnen seiner Punkte zusammen. Das Wissenschaftsgebiet, das sich mit den geometrischen Beziehungen der Lagen und Bahnen unter sich beschäftigt, wird geometrische Bewegungslehre, Geometrie der Bewegung oder auch kinematische Geometrie genannt. Alle Maßbeziehungen in diesem Gebiet können durch Längen ausgedrückt werden; als einzige Grundeinheit tritt deshalb hier nur die Längeneinheit auf. Als Längeneinheiten benutzen wir die des metrischen Systems.

Der Übergang eines Körpers aus einer Lage gegenüber dem Bezugskörper in eine andere ist nun nicht nur ein räumlicher Vorgang, sondern auch ein zeitlicher, denn der Körper kann die einzelnen Lagen bei dem Übergang nur nacheinander einnehmen. Letztere Erfahrungstatsache drücken wir in der Form aus, daß bei jedem Lagenwechsel eines Körpers eine gewisse Zeit verfließt. Raum und Zeit sind Anschauungsformen, die als bekannt hier vorausgesetzt werden. Zur Messung von Zeitgrößen bedienen wir uns der Uhrzeit, also des Vergleiches mit der Umdrehungsdauer der Erde. Als Zeiteinheit benutzt man meist die Sekunde.

Alle in der Bewegungslehre auftretenden Größen lassen sich durch Beziehungen von Längen- und Zeitgrößen zueinander ausdrücken und dementsprechend deren Maße oder Einheiten als abgeleitete Einheiten auf die Grundeinheiten der Länge (l_I) und der Zeit (t_I) zurückführen.

Die Bewegung eines Punktsystemes ist ein verhältnismäßig zusammengesetzter Vorgang, da die Bewegungen der einzelnen Punkte des Systems voneinander räumlich und zeitlich abhängen. Es macht sich deshalb erforderlich, um diese Abhängigkeit verstehen zu können, zunächst den Bewegungsvorgang eines einzelnen geometrischen Punktes zu studieren. Hierbei ist es zweckmäßig, zu berücksichtigen, daß die Bahnen sowohl geradlinig als krummlinig sein können, denn die krummlinige Bewegung eines Punktes kann mittels mehrerer geradliniger Bewegungen dargestellt werden. Wir gehen deshalb zuerst auf die geradlinige Bewegung eines Punktes ein.

Zweites Kapitel.

Die geradlinige Bewegung eines Punktes.

Es sei a die Bahn des Punktes A (s. Fig. 1) und O ein willkürlich gewählter Punkt auf ihr, der als Bezugspunkt der Bewegung von A dienen soll. Die Lage von A auf der Geraden ist bestimmt, wenn der Abstand $\overline{OA} = u$ des Punktes A von O und zugleich gegeben wird, nach welcher der beiden Seiten von O aus die Strecke u aufzutragen ist. Da u sowohl positiv als negativ sein kann, so setzen wir fest, daß die positiven Werte von u nach der einen, die negativen nach der anderen Seite aufzutragen sind, womit die Lage von A zu einer eindeutigen wird. Die Art der Änderung von u mit der Zeit t bedingt die Bewegung von A; die Bewegung von A ist eine bestimmte, falls der mathematische Zusammenhang zwischen u und t gegeben wird. Letzterer werde ausgedrückt durch die Beziehung

$$\text{(I)} \qquad\qquad u = f(t),$$

Fig. 1.

in der $f(t)$ eine an sich willkürliche Funktion der Zeit bedeutet, die aber stetig und eindeutig sein muß, falls sie eine mögliche Bewegung darstellen soll, da jede wahrnehmbare Bewegung stetig und eindeutig ist; denn ein sich bewegender Punkt kann nicht zwei und mehr verschiedene Lagen gegen O zur selben Zeit haben.

Eine wichtige Rolle spielt die sog. Anfangslage A_0 des Punktes, d. i. die Lage, die der Punkt zur sog. Anfangszeit t_0 der Bewegung einnimmt. Diese Zeit bedeutet entweder den Zeitpunkt des Beginnes der Bewegung, oder aber den Zeitpunkt, in dem die Beobachtung der Bewegung anfängt. In beiden Fällen wird die Anfangslage A_0 bestimmt durch die Beziehung

$$\overline{OA_0} = u_0 = f(t_0).$$

Messen wir die Zeitpunkte t und t_0 nach der Uhrzeit, so bedeutet $t - t_0$ die **Zeitdauer**, in der der Punkt sich von A_0 nach A bewegt. Ändert sich innerhalb dieser Zeitdauer die Richtung der Bewegung nicht, entfernt sich also z. B. der Punkt A stetig von O, so hat die Differenz der Entfernungen

$$\overline{A_0 A} = u - u_0 = w$$

die Bedeutung des Weges, den der Punkt in der Zeit $t - t_0$ zurücklegt.

Das Gesetz, nach dem die Bewegung sich vollzieht, die durch die Beziehung (1) bestimmt wird, läßt sich gut zur Anschauung bringen durch ein Schaubild, das **Wege-Zeit-Schaubild** oder auch **Wege-Zeit-Diagramm** genannt und in folgender Weise erhalten wird. Man trägt auf der X-Achse eines rechtwinkligen ebenen Koordinatensystems als Abszissen x einer Kurve Strecken auf, die den Zeitgrößen entsprechen bzw. ihnen proportional sind, während als Ordinaten y den u-Werten proportionale Strecken aufgetragen werden, die sich den t-Werten durch die Beziehung (I) zuordnen. Wir setzen demgemäß (s. Fig. 2)

$$\overline{OB} = x = \mu \cdot t,$$

$$\overline{BC} = y = v \cdot u$$

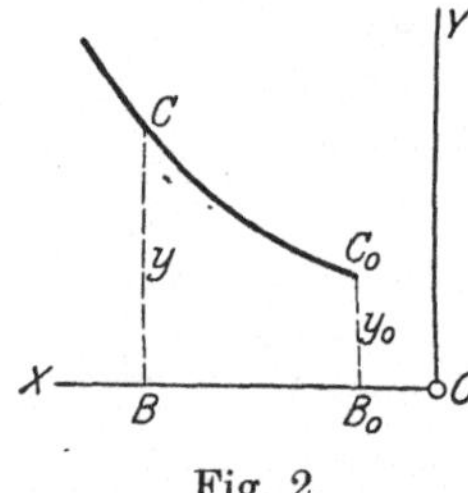

Fig. 2.

und erhalten auf diesem Wege eine Anzahl von Punkten C, deren stetige Verbindung eine Kurve liefert. Letztere, die wir die **Schaulinie der Bewegung** nennen wollen, ist das gesuchte Schaubild, das zusammen mit den Koordinatenachsen den Bewegungsvorgang zur Anschauung bringt. Die Gleichung der Schaulinie erhält nach (I) die Gestalt

$$y = v f\left(\frac{x}{\mu}\right).$$

Der Anfangslage des Punktes entspricht hierbei der Punkt C_0 der Schaulinie, dessen Koordinaten $x_0 = \mu \cdot t_0$, $y_0 = v \cdot u_0$ sind. Die Maßstäbe, nach denen t und u durch Strecken dargestellt werden, sind völlig willkürlich; aus ihnen folgen die Werte für μ und v. Soll im Schaubild z. B. dem Werte $t_1 = 42{,}5$ s die Länge $x_1 = 10{,}2$ cm entsprechen, so ergibt sich aus der Gleichung

$$10{,}2 \text{ cm} = \mu \cdot 42{,}5 \text{ s}$$

$$\mu = \frac{10{,}2 \text{ cm}}{42{,}5 \text{ s}} = 0{,}24 \text{ cms}^{-1}.$$

Die Konstante ν dagegen ist eine reine Zahl, denn sie drückt nur den Zeichnungsmaßstab aus. Soll z. B. für $u_1 = 48$ m $y_1 = 12$ cm sein, so folgt

$$\nu = \frac{y_1}{u_1} = \frac{12 \text{ cm}}{4800 \text{ cm}} = \frac{1}{400} = 0{,}0025 \, .$$

Aus der Gestalt der Schaulinie ersieht man, wie die Bewegung des Punktes vor sich geht, ob sich der Punkt dem Bezugspunkte nähert, durch ihn hindurchgeht, oder sich von ihm entfernt, ob die Bewegung schneller oder langsamer wird, usw.

Die einfachste Schaulinie ist offenbar eine Gerade. Wir wollen feststellen, welches Bewegungsgesetz ihr entspricht, insbesondere wie sich die Funktion $f(t)$ gestaltet. Es sei g in Fig. 3 die Gerade, die in C_0 beginnend mit der X-Achse den Winkel α einschließt. Entspricht der Abszisse $\overline{OB} = x = \mu \cdot t$ die Ordinate $\overline{BC} = y = \nu \cdot u$, so folgt aus dem Dreieck $C_0 C D$

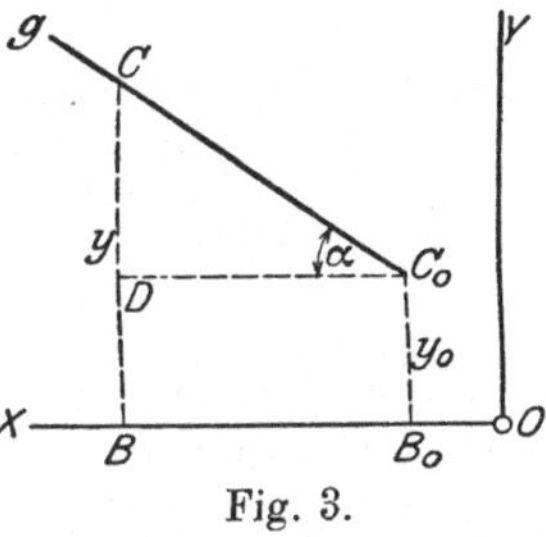

Fig. 3.

$$\frac{\overline{CD}}{\overline{C_0 D}} = \tan \alpha = \frac{y - y_0}{x - x_0} \, .$$

Nach Einsetzung der Werte für x und y erhält man daraus

$$u - u_0 = c\,(t - t_0),$$

falls zur Abkürzung

$$\frac{\mu}{\nu} \cdot \tan \alpha = c$$

gesetzt wird. Da $u - u_0 = w$ der Weg des Punktes in der Zeit $t - t_0$ ist, so erkennt man, daß bei dieser Bewegung von allen Stellen der Bahn aus in der gleichen Zeit auch der gleiche Weg zurückgelegt wird. Eine derartige Bewegung wird gleichförmig genannt. Sie wird analytisch durch eine lineare Funktion der Zeit dargestellt, da

$$(1) \qquad u = u_0 + c\,(t - t_0)$$

sich ergibt Die Konstante $c = \dfrac{\mu}{\nu} \cdot \tan \alpha$ hierin hat eine einfache Bedeutung. Da $w = c\,(t - t_0)$ ist, so wird in einer gegebenen Zeit $t - t_0$ der Weg w um so größer sein, je größer c ist. Wir nennen bekanntlich eine Bewegung um so schneller bzw. die Geschwindigkeit der Bewegung um so größer, je größer der Weg in einer bestimmten Zeit ist. Es hat folglich c die Bedeutung eines Maßes der Schnelligkeit oder Geschwindigkeit der Bewegung, weshalb diese Größe c die Geschwindigkeit der gleichförmigen Bewegung genannt wird.

Da

$$(2) \qquad c = \frac{u - u_0}{t - t_0}$$

und hierin $u - u_0 = \lambda \cdot l_I$ eine gewisse Länge, $t - t_0 = \tau \cdot t_I$ eine gewisse Anzahl Zeiteinheiten bedeutet, so ergibt sich

$$c = \frac{\lambda}{\tau} \cdot \frac{l_I}{t_I} = \zeta \cdot \frac{l_I}{t_I}.$$

Bezeichnet c_I die Einheit der Geschwindigkeit, so findet sich aus $c = \zeta \cdot c_I$ für c_I die Beziehung:

$$c_I = \frac{l_I}{t_I} = l_I t_I^{-1}.$$

Die Einheit der Geschwindigkeit ist folglich eine abgeleitete Einheit, und zwar von der 1. Dimension in Längen- und der -1. Dimension in Zeiteinheiten. Wie aus dem Vorstehenden hervorgeht, ist die Geschwindigkeit der gleichförmigen Bewegung das Verhältnis des in der Zeiteinheit zurückgelegten Weges zur Zeiteinheit, und die Einheit der Geschwindigkeit die Geschwindigkeit der Bewegung, bei welcher der Punkt als Weg in der Zeiteinheit die Längeneinheit zurücklegt.

Wäre z. B. $w = u - u_0 = 39{,}9$ m und die Zeit $t - t_0 = 14{,}25$ s, so fände sich

$$c = \frac{39{,}9}{14{,}25} \, \frac{m}{s} \doteq 2{,}8 \text{ ms}^{-1};$$

die Geschwindigkeitseinheit ist sonach in diesem Falle $c_I = 1$ ms^{-1}.

Wir legen der Geschwindigkeit eine Richtung bei, und zwar die der Bewegung des Punktes; die Geschwindigkeit ist sonach als eine gerichtete Größe aufzufassen und dementsprechend durch einen Vektor nach ganz willkürlichem Maßstab darstellbar.

Wenn der Winkel α in Fig. 3 negativ genommen wird, wie in Fig. 4, dann ist

$$\tan \alpha = \frac{\overline{CD}}{\overline{C_0 D}} = \frac{y_0 - y}{x - x_0} = \frac{\nu}{\mu} \cdot \frac{u_0 - u}{t - t_0},$$

folglich

$$(1\,\mathrm{a}) \qquad u = u_0 - c\,(t - t_0).$$

In diesem Falle bewegt sich der Punkt A von A_0 aus nach dem Bezugspunkte O hin, die Richtung der Geschwindigkeit fällt sonach mit der der negativen Seite der Bahngeraden zusammen, Die beiden Fälle lassen sich durch die eine Beziehung (1) darstellen, falls man der Geschwindigkeit c entsprechende Vorzeichen beilegt.

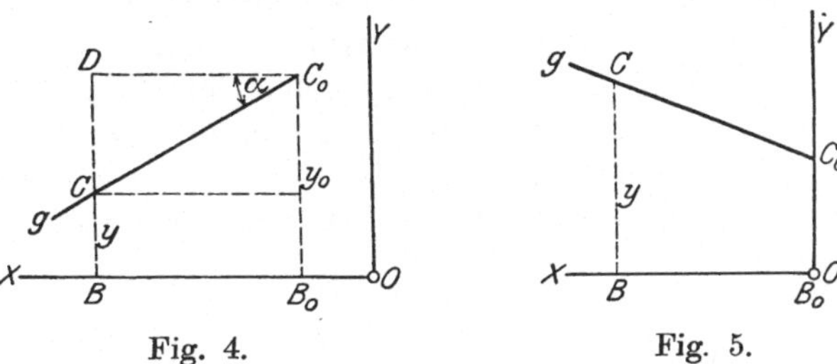

Fig. 4.   Fig. 5.

Häufig vorkommende Sonderfälle der Gleichung (2) sind folgende:

1. Wenn $t_0 = 0$, also die Zeit vom Bewegungsbeginn an gemessen wird, so erhält man einfacher

$$u = u_0 + c \cdot t.$$

Im Schaubild (s. Fig. 5) fällt dann B_0 mit O zusammen.

2. Ist dagegen $u_0 = 0$, so bedeutet das, daß der Bezugspunkt der Bewegung in die Anfangslage A_0 des Punktes gelegt wird; es fallen dann im Schaubild B_0 und C_0 zusammen (s. Fig. 6).

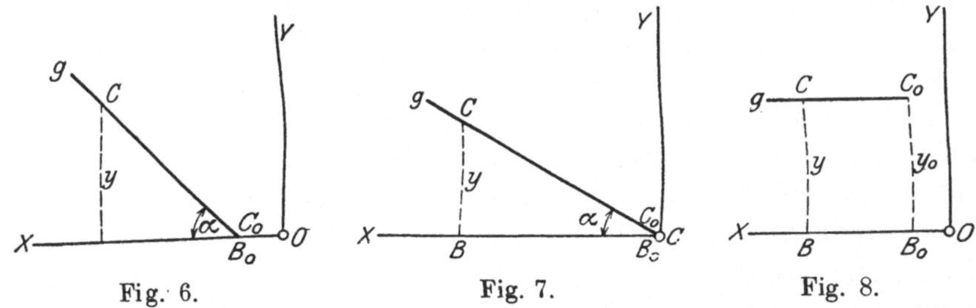

Fig. 6.   Fig. 7.   Fig. 8.

3. Wird sowohl $u_0 = 0$ als auch $t_0 = 0$ gewählt, so nimmt (2) die einfachste Form

$$u = c \cdot t$$

an; die Schaulinie geht dann durch den Koordinatenanfang (Fig. 7).

4. Falls $c = 0$, wird $u = u_0$, d. h. der Punkt bleibt in Ruhe. Die Schaulinie (s. Fig. 8) ist dann eine zur X-Achse parallele Gerade.

Die Darstellung gleichförmiger Bewegungen durch Schaulinien wird sehr viel zur Veranschaulichung der Eisenbahnfahrpläne verwendet. Man ersieht aus den entsprechenden Schaulinien (s. Fig. 9) die Fahrzeiten zwischen den einzelnen Bahnhöfen, Haltestellen usf., die Aufenthaltszeit, die Kreuzung und Überholung von Zügen u. a.; zugleich geben die Tangenten der Neigungswinkel der einzelnen Geraden Aufschluß über die Zuggeschwindigkeiten.

Ist die Schaulinie der Bewegung keine Gerade, sondern irgendeine krumme Linie, dann verläuft die Bewegung nicht gleichförmig und wird deshalb allgemein eine ungleichförmige genannt. Man will damit ausdrücken, daß der Punkt von verschiedenen Stellen

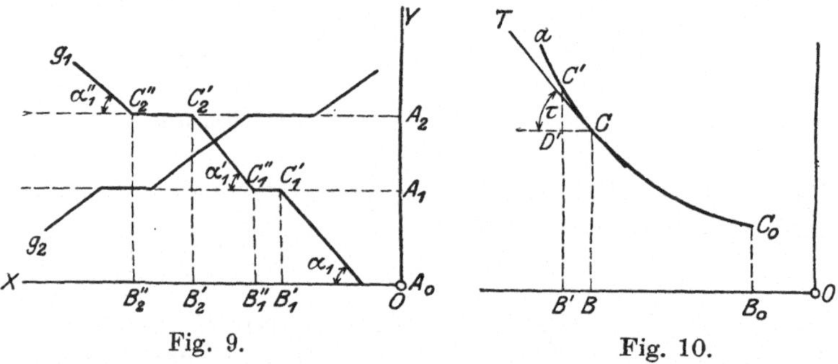

Fig. 9.   Fig. 10.

seiner Bahn aus in derselben Zeit verschieden große Wegstrecken durchläuft, mit anderen Worten, daß seine Schnelligkeit sich ändert. Der Begriff der Geschwindigkeit der gleichförmigen Bewegung läßt sich unmittelbar nicht auf die ungleichförmige Bewegung übertragen; wohl aber kann dies durch eine entsprechende Erweiterung dieses Begriffes mittels folgender Überlegung geschehen. Es sei die Schaulinie eine beliebige Kurve, so läßt sich diese in Teile zerlegen von solcher Kleinheit, daß man jeden dieser Teile $\overline{CC'}$ (s. Fig. 10) als eine gerade Strecke ansehen, bzw. mit genügender Annäherung den Bogen $\overset{\frown}{CC'}$ durch die Sehne $\overline{CC'}$ ersetzen kann. Die Gerade $\overline{CC'}$ stellt eine gleichförmige Bewegung von kleiner Zeitdauer dar; indem wir also an Stelle der Kurve im Schaubild ein Sehnenvieleck setzen, erhalten wir für die wirkliche Bewegung des Punktes eine Aufeinanderfolge sehr vieler gleichförmiger Bewegungen. Diese Annäherung an die Wirklichkeit wird um so besser, je kleiner wir die Zeitdauer der einzelnen Bewegungen wählen. Ist wieder $\overline{OB} = x = \mu \cdot t$ und $\overline{BB'} = \varDelta x = \mu \cdot \varDelta t$, so wird zufolge des vorhergehenden die Geschwindigkeit der gleichförmigen Bewegung, die der Sehne $\overline{CC'}$ entspricht,

$$[v] = \frac{\mu}{\nu} \cdot \tan \alpha,$$

falls $\alpha = \angle\, C'CD'$. Dieser Näherungswert $[v]$ der Geschwindigkeit ändert sich mit α; für jede Sehne erhalten wir folglich eine andere Geschwindigkeit $[v]$. Wählen wir nun $\Delta t = dt$, d. h. unendlich klein, so geht $[v]$ in die Geschwindigkeit v des Punktes A zur Zeit t über, d. h. es ist

$$v = \lim [v]_{\Delta t = 0}.$$

Führen wir den Grenzübergang im Schaubild Fig. 10 aus, so erkennen wir, daß die Sehne CC' zur geometrischen Tangente CT der Schaulinie im Punkte C wird, und bezeichnen wir mit τ den Winkel, den CT mit der positiven X-Achse einschließt, so erhalten wir, weil $\tau = \lim [\alpha]_{\Delta t = 0}$,

$$(3) \qquad v = \frac{\mu}{\nu} \cdot \tan \tau.$$

Es ändert sich sonach die Geschwindigkeit der Bewegung von Punkt zu Punkt der Bahn und es zeigt die Gleichung (3), daß sie proportional $\tan \tau$ ist. Je steiler die geometrische Tangente an die Schaulinie, um so größer ist an der betreffenden Stelle der Bahn die Geschwindigkeit des Punktes.

Das Änderungsgesetz von v mit der Zeit läßt sich auch leicht angeben. Bezeichnet Δy den Zuwachs $\overline{C'D'}$, falls x um $\overline{BB'} = \Delta x$ wächst, so ist

$$\tan \alpha = \frac{\Delta y}{\Delta x}.$$

Da aber $\lim \left[\dfrac{\Delta y}{\Delta x}\right]_{\Delta t = 0} = \dfrac{dy}{dx}$ geschrieben wird, also $\tan \tau = \dfrac{dy}{dx}$ ist, so hat man

$$v = \frac{\mu}{\nu} \cdot \frac{dy}{dx}$$

und unter Berücksichtigung der Ansätze $x = \mu \cdot t,\ y = \nu \cdot u$,

$$(\text{II}) \qquad v = \frac{du}{dt}.$$

Der Differentialquotient für v stellt die analytische Definition der Geschwindigkeit der ungleichförmigen Bewegung dar. Er hat die gleiche Form wie (2), nur bezogen auf eine Bewegung für eine unendlich kleine Zeitdauer, denn du ist ja der Weg des Punktes in der Zeit dt. Zufolge (I) ergibt sich aus (II)

$$(\text{II a}) \qquad v = f'(t),$$

wodurch die Abhängigkeit der Geschwindigkeit von der Zeit bestimmt wird, falls unter $f'(t)$ die abgeleitete Funktion von $f(t)$ nach der Zeit verstanden wird.

Aus (II) geht hervor, daß v eine Größe derselben Art ist wie c, folglich auch die Einheit die gleiche, d. h.

$$v_I = c_I = l_I t_I^{-1}\,.$$

Ebenso wie c legen wir auch v eine Richtung bei, und zwar die des Weges du; es läßt sich sonach v als gerichtete Größe nach willkürlichem Maßstab durch einen Vektor darstellen.

Das Gesetz (IIa) ermöglicht eine ähnliche Veranschaulichung wie (I), und zwar durch das Geschwindigkeits-Zeit-Schaubild oder Geschwindigkeits-Zeit-Diagramm. Wir finden es, indem wir als Abszissen einer Kurve der Zeit t, als Ordinaten der Geschwindigkeit v proportionale Strecken in einem rechtwinkligen Koordinatensystem auftragen. Wir setzen demgemäß $\overline{OB} = x = \mu \cdot t$, $\overline{BD} = y = \varkappa \cdot v$; hierin sind μ und $\varkappa$ willkürlich. Die Punkte D (s. Fig. 11) bilden dann die Schaulinie, deren Verlauf das durch die Gleichung (IIa) gegebene Gesetz zur Anschauung bringt. Dieses Schaubild hat eine bemerkenswerte Eigenschaft. Es sei $\overline{BB'} = \varDelta x$ ein sehr kleiner Zuwachs der Abszisse x, so hat der Flächenstreifen $BB'C'C = \varDelta F$ näherungsweise den Inhalt $y \cdot \varDelta x$, und zwar um so genauer, je kleiner $\varDelta x$ ist. Genau ist sonach

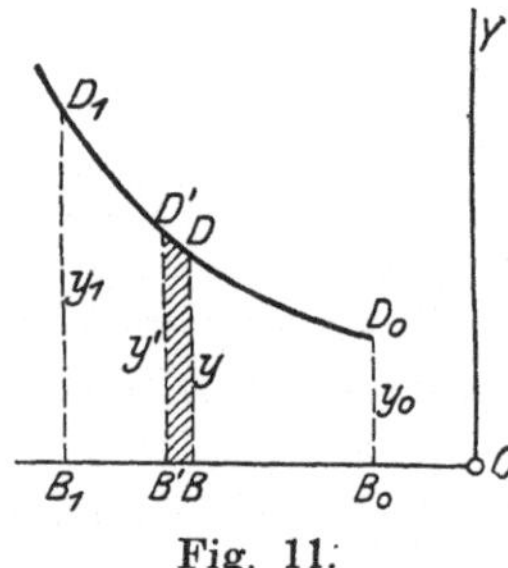

Fig. 11.

$$dF = y \cdot dx$$

und der Inhalt F_1 der Fläche $B_0 D_0 D_1 B_1$ gleich der Summe dieser Flächenstreifen, d. h.

$$F_1 = \int_{x=x_0}^{x=x_1} dF = \int_{x_0}^{x_1} y\,dx$$

oder allgemeiner

$$F = \int_{x_0}^{x} y\,dx\,.$$

Da nun $y = \varkappa \cdot v$ und $x = \mu \cdot t$ gesetzt wurde, so ergibt sich

$$F = \int_{t_0}^{t} \varkappa \cdot v \cdot \mu \cdot dt = \varkappa \cdot \mu \int_{t_0}^{t} v\,dt$$

und unter Zuziehung von (II)

$$F = \varkappa \cdot \mu \int_{t_0}^{t} du.$$

Das Integral stellt aber den Weg $\overline{A_0 A}$ des Punktes A in der Zeit $t - t_0$ dar, denn es ist die Summe aller Wegelemente du; sonach finden wir

$$F = \varkappa \cdot \mu \cdot w = \varkappa \cdot \mu \cdot (u - u_0)$$

und umgekehrt

$$(4) \qquad w = u - u_0 = \frac{F}{\varkappa \cdot \mu}.$$

Kennt man sonach das Geschwindigkeits-Zeit-Schaubild einer Bewegung, so kann man mittels der Fläche F den zurückgelegten Weg des bewegten Punktes finden.

Die einfachste Schaulinie in dem Geschwindigkeitsschaubilde ist offenbar wieder die Gerade. Es ergibt sich dann das in Fig. 12 dargestellte Schaubild, aus dem sofort die Beziehung

$$\tan \beta = \frac{\overline{DE}}{\overline{D_0 E}} = \frac{y - y_0}{x - x_0}$$

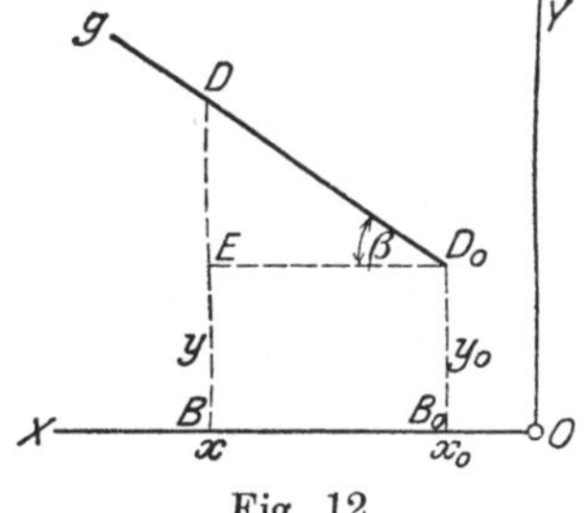

Fig. 12.

folgt, falls β den Neigungswinkel der Geraden g gegen die X-Achse bezeichnet. Mit $x = \mu \cdot t$, $y = \varkappa \cdot v$ erhält man hieraus

$$v - v_0 = b\,(t - t_0),$$

worin zur Abkürzung

$$\frac{\mu}{\varkappa} \cdot \tan \beta = b$$

gesetzt wurde. Da $v - v_0$ die Zunahme der Geschwindigkeit während der Zeit $t - t_0$ bedeutet, so erkennt man, weil b eine Konstante ist, daß bei dieser Art von Bewegung die Geschwindigkeit in gleichen Zeiten um gleichviel zu- oder abnimmt; man nennt deshalb diese Bewegung eine **gleichmäßig veränderte**. Für sie ist die Geschwindigkeit eine lineare Funktion der Zeit, d. i.

$$(5) \qquad v = v_0 + b\,(t - t_0),$$

in der v_0 die sog. **Anfangsgeschwindigkeit** der Bewegung, also die Geschwindigkeit zur Zeit t_0 bezeichnet. Die Größe

$$b = \frac{v - v_0}{t - t_0}$$

hat hierin eine wesentliche Bedeutung, denn sie ist ein Maß für die Änderung der Schnelligkeit der Bewegung; man nennt sie die Beschleunigung der gleichmäßig veränderten Bewegung. Nimmt z. B. die Geschwindigkeit in $t - t_0 = 11,4$ s um $v - v_0 = 28,5$ ms^{-1} zu, so wird

$$b = \frac{28,5 \text{ ms}^{-1}}{11,4 \text{ s}} = 2,5 \frac{\text{ms}^{-1}}{\text{s}} = 2,5 \text{ ms}^{-2};$$

es bedeutet folglich b das Verhältnis der Geschwindigkeitsänderung in der Sekunde zur Sekunde. Im allgemeinen hat man, da $v - v_0 = \alpha \cdot v_I$ und $t - t_0 = \tau \cdot t_I$ (hierin α und τ reine Zahlen),

$$b = \frac{\alpha \cdot v_I}{\tau \cdot t_I} = \zeta \cdot \frac{v_I}{t_I} = \zeta \cdot l_I t_I^{-2},$$

also, wie behauptet, für b das Verhältnis der Änderung der Geschwindigkeit in der Zeiteinheit zur Zeiteinheit. Die Einheit dieser Größe wird, weil $b = \zeta \cdot b_I$,

$$b_I = l_I t_I^{-2};$$

sie ist sonach eine abgeleitete Einheit, und zwar von der 1. Dimension in Längen- und der 2. Dimension in Zeiteinheiten. Im vorerwähnten Beispiel wäre, weil $l_I = 1$ m, $t_I = 1$ s, die Beschleunigungseinheit $b_I = 1$ ms^{-2}. Wir legen der Beschleunigung auch eine Richtung bei und zwar die des Geschwindigkeitszuwachses, und stellen sie als gerichtete Größe durch einen Vektor dar, dessen Maßstab willkürlich ist.

Wenn β negatives Vorzeichen hat, wie in Fig. 13, so ist $v - v_0$ negativ, weil $v_0 > v$. Bei der Bewegung, die das Schaubild darstellt, würde sonach die Geschwindigkeit mit wachsender Zeit abnehmen, was auch aus der in gleicher Weise wie vorher sich ergebenden Beziehung

$$(5 \text{ a}) \qquad v = v_0 - b (t - t_0)$$

hervorgeht; die Bewegung wäre sonach eine verzögerte. Doch ist es nicht nötig, die beiden Fälle des positiven und negativen β zu trennen, falls man nur b, entsprechend der Beziehung $b = \dfrac{\mu}{\varkappa} \cdot \tan \beta$,

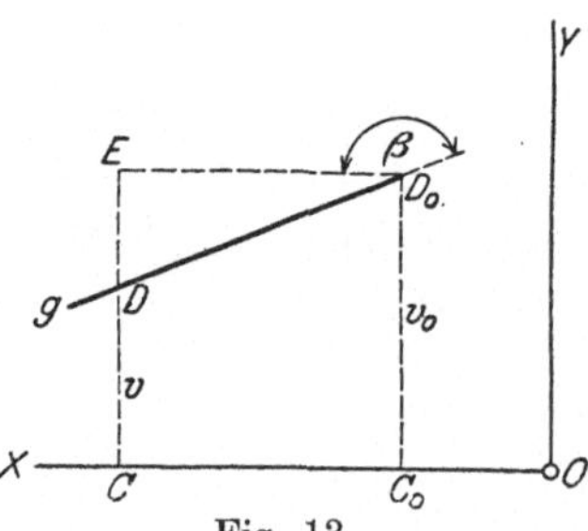

Fig. 13.

ein Vorzeichen beilegt, und zwar in gleicher Weise wie den Geschwindigkeiten. Haben die Geschwindigkeit und die Beschleunigung gleiches Vorzeichen, bzw. die entsprechenden Vektoren gleiche Richtung (s. Fig. 14), so nimmt die Geschwindigkeit zu und die entsprechende Bewegung heißt dann gleichmäßig beschleunigt; im anderen Falle, den Fig. 15 darstellt, nennt man sie gleichmäßig verzögert.

Das Gesetz (I), nach dem sich bei der gleichmäßig veränderten Bewegung der Abstand u mit der Zeit ändert, findet sich mittels der Beziehung (4) leicht aus Fig. 12, denn hier ist die Fläche F das Paralleltrapez $B_0 D_0 D B$, dessen Inhalt bekanntlich zu

$$F = (x - x_0) \frac{y_0 + y}{2}$$

gefunden wird; aus $x = \mu \cdot t, y = \varkappa \cdot v$ folgt sonach

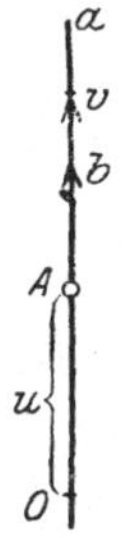

Fig. 14. 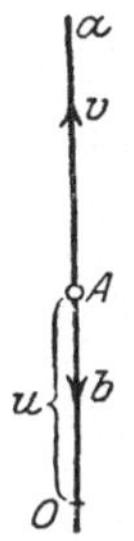　Fig. 15.

$$F = \frac{\mu \cdot \varkappa}{2} \cdot (t - t_0)(v_0 + v)$$

und nach (4)

$$u - u_0 = \frac{F}{\varkappa \cdot \mu} = \tfrac{1}{2}(t - t_0)(v_0 + v).$$

Unter Benutzung des Ausdruckes (5) für v erhält man schließlich

$$(6) \qquad u = u_0 + v_0(t - t_0) + \tfrac{1}{2} b (t - t_0)^2;$$

es ist folglich bei der gleichmäßig veränderten Bewegung $f(t)$ eine ganze quadratische Funktion der Zeit.

Eliminiert man aus (5) und (6) die Zeit $(t - t_0)$, so findet man v als Funktion des Ortes, und zwar zu

$$(7) \qquad v = \pm \sqrt{v_0^2 + 2 b (u - u_0)}.$$

Das Vorzeichen von v wird durch das von v_0 bestimmt bis zu der Stelle, wo v durch Null geht, was nur bei negativem b, d. h. bei verzögerter Bewegung vorkommt; von da ab ist das andere Vorzeichen zu nehmen.

Umgekehrt stellt jede ganze quadratische Funktion der Zeit für u, d. i.

$$u = A + B t + C t^2,$$

in der A, B und C Konstanten sind, eine gleichmäßig veränderte Bewegung dar, für die sich

$$u_0 = A + B t_0 + C t_0^2, \qquad v_0 = B + 2 C t_0, \qquad b = 2 C$$

ergibt, wie ein Vergleich mit (6) zeigt.

Beispiel: Für den lotrechten Wurf im luftleeren Raum läßt sich die Beschleunigung g schwerer Körper bei kleineren Wurfhöhen als konstant ansehen, demnach die Bewegung als eine gleichmäßig veränderte. Legen wir den Bezugspunkt O der Bewegung in die Anfangslage A_0 (s. Fig. 16) und die positive Seite der Bahngeraden nach aufwärts, so haben wir bei dem lotrechten Wurf nach aufwärts $b = -g$, $u_0 = 0$ und v_0 nach aufwärts gerichtet, also positiv einzuführen. Hiernach werden die Gleichungen (5), (6) und (7)

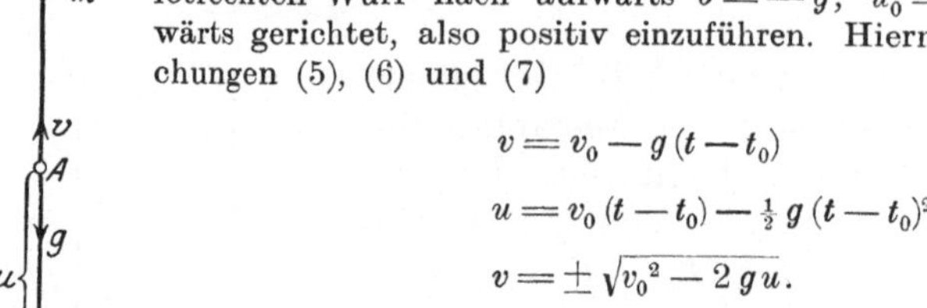

$$v = v_0 - g\,(t - t_0)$$

$$u = v_0\,(t - t_0) - \tfrac{1}{2}\,g\,(t - t_0)^2$$

$$v = \pm\,\sqrt{v_0{}^2 - 2\,g\,u}.$$

Rechnen wir noch die Zeit vom Beginn der Bewegung in A_0 an, setzen also $t_0 = 0$, so wird einfacher

Fig. 16. $v = v_0 - g\,t\,; \qquad u = v_0\,t - \tfrac{1}{2}\,g\,t^2.$

Wie hieraus ersichtlich, ist die Bewegung gleichmäßig verzögert; hierbei erreicht der Punkt die höchste Stelle A_m seiner Bahn zur Zeit $T = \dfrac{v_0}{g}$, weil für diese $v = 0$ wird. Die Wurfhöhe H erhält man zu $v_0\,T - \tfrac{1}{2}\,g\,T^2 = \dfrac{v_0{}^2}{2\,g}$, wie auch aus dem zweiten Ausdruck für $v = \sqrt{v_0{}^2 - 2\,g\,H} = 0$ unmittelbar hervorgeht. Von dieser Stelle A_m aus findet die Bewegung nach abwärts gleichmäßig beschleunigt statt; man nennt diese den **freien Fall** schwerer Körper im luftleeren Raume.

Wählt man im letzteren Falle die Richtung der positiven Seite der Bahngeraden nach abwärts, so erhält man mit $u_0 = 0$, $t_0 = 0$, $v_0 = 0$ ganz einfach

$$v = g \cdot t\,, \qquad u = \tfrac{1}{2}\,g\,t^2,$$

da für b dann $+g$ zu setzen ist.

Ist die Schaulinie im Geschwindigkeits-Zeit-Schaubild keine Gerade, sondern eine krumme Linie, so muß die entsprechende Bewegung als ungleichmäßig verändert bezeichnet werden. Es ist dann die Beschleunigung b keine Konstante mehr, sondern sie ändert sich mit der Zeit, bez. dem Orte, wie die folgende Überlegung lehrt. Es sei in der Schaulinie Fig. 17 $\overline{BB'} = \varDelta x$ ein sehr kleiner Zuwachs von $\overline{OB} = x$, der der Zeitänderung $\varDelta t = \dfrac{\varDelta x}{\mu}$ entspreche, und zwar so klein, daß wir den entsprechenden Teil $\overline{DD'}$ der Schaulinie als Gerade ansehen, also näherungsweise den Bogen $\overparen{DD'}$

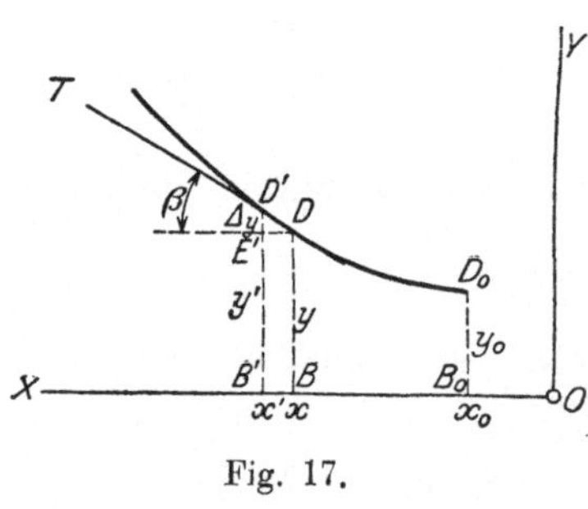

Fig. 17.

durch die Sehne $\overline{DD'}$ ersetzen können. Fassen wir letztere als

Schaulinie einer gleichmäßig veränderten Bewegung auf, so ergibt sich für diese als Beschleunigung näherungsweise, wie vorher

$$[b] = \frac{\mu}{\varkappa} \cdot \tan\beta,$$

falls $\beta = \angle D'DE'$ ist. Da sich β mit der Lage der Punkte D auf der Schaulinie ändert, so erhalten diese näherungsweisen Beschleunigungen $[b]$ verschiedene, der $\tan\beta$ proportionale Werte. Nehmen wir nun $\varDelta x$, bez. $\varDelta t$ verschwindend klein, so geht die Sekante $\overline{DD'}$ in die Tangente DT der Schaulinie im Punkte D über, der Winkel β folglich in den Winkel τ, den DT mit der positiven X-Achse einschließt. Sonach finden wir als Ausdruck für den genauen Wert b der Beschleunigung der ungleichmäßig veränderten Bewegung zur Zeit t

$$b = \lim [b]_{\varDelta t = 0} = \frac{\mu}{\varkappa} \cdot \tan\tau.$$

Da nun bekanntlich $\tan\tau = \dfrac{dy}{dx} = \dfrac{\varkappa}{\mu} \cdot \dfrac{dv}{dt}$, so erhalten wir

$$\text{(III)} \qquad b = \frac{dv}{dt}.$$

Dieser Ausdruck ist die analytische Definition der Beschleunigung der ungleichförmigen Bewegung; er hat dieselbe Form, wie bei der gleichmäßig veränderten Bewegung, denn er ist das Verhältnis der Geschwindigkeitszunahme dv zur Zeit dt, in der die Zunahme stattfindet. Als Maß oder Einheit der Beschleunigung bekommen wir hier dasselbe $b_I = l_I t_I^{-2}$ wie vorher, während die Richtung von b durch das Vorzeichen der Geschwindigkeitsänderung dv bestimmt wird. Haben sonach b und v das gleiche Vorzeichen, so ist die Bewegung an der betreffenden Stelle der Bahn eine beschleunigte, im anderen Falle eine verzögerte.

Das Gesetz, nach dem sich b mit der Zeit ändert, ergibt sich aus (IIa) zu

$$\text{(IIIa)} \qquad b = f''(t),$$

worin $f''(t)$ die zweite Abteilung von $f(t)$ nach der Zeit bezeichnet.

Beispiel: Die Schaulinie sei eine Parabel (s. Fig. 18) von der Gleichung $y = \dfrac{x^2}{2q}$, in der q den Parameter bezeichnet. Dann ist, weil $x = \mu \cdot t$, $y = \varkappa \cdot v$,

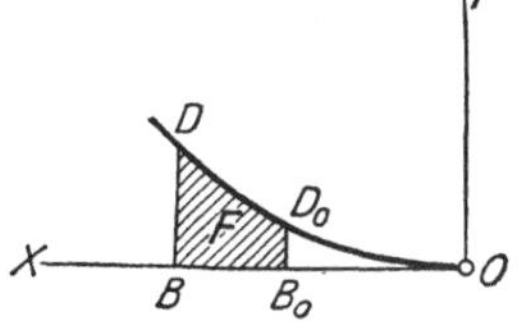

Fig. 18.

$$v = \frac{\mu^2}{2\,q\,\varkappa} \cdot t^2$$

das Gesetz, nach dem sich v mit der Zeit ändert. Die Beschleunigung dieser Bewegung wird nach (IIIa)

$$b = \frac{\mu^2}{q\,\varkappa} \cdot t \,,$$

also proportional der Zeit. Mittels (4) endlich findet sich, weil die Fläche $B_0 D_0 D B = F = \frac{1}{3}(xy - x_0\,y_0)$,

$$w = u - u_0 = \frac{\mu\,\varkappa}{3}(vt - v_0\,t_0)\,,$$

und somit, weil $v = \frac{\mu^2}{2\,q\,\varkappa} \cdot t^2$,

$$u = f(t) = u_0 + \frac{\mu^3}{6\,q} \cdot t^3 - \frac{\mu\,\varkappa}{3}\,v_0\,t_0\,.$$

Das Wege-Zeit-Schaubild würde hiernach eine kubische Parabel sein.

Eliminiert man die Zeit t aus den Gleichungen (I) und (IIa), so erhält man eine Gleichung zwischen v und u, die das Gesetz zum Ausdruck bringt, nach dem sich die Geschwindigkeit mit dem Orte ändert. Auch dieses läßt sich durch eine Schaulinie darstellen, die sehr viel Verwendung findet und die in folgender Weise erhalten wird. Man trägt als Abszissen der Schaulinie den u proportionale Strecken $x = \nu \cdot u$, als Ordinaten $y = \varkappa \cdot v$ auf; der geometrische Ort der so bestimmten Punkte E (s. Fig. 19) ist die gesuchte Schaulinie, die zusammen mit den Koordinatenachsen das Ge-schwindigkeits-Wege-Schaubild ge-

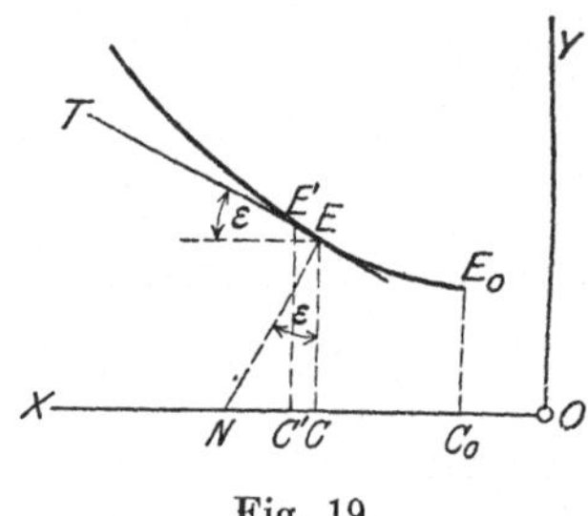
Fig. 19.

nannt wird. Dieses Schaubild besitzt die wertvolle Eigenschaft, daß die Subnormale der Schaulinie die Beschleunigung der Bewegung in Vektorform darstellt, wie auf nachstehendem Wege erkannt wird. Es ist

$$\text{(IIIb)} \qquad b = \frac{dv}{dt} = \frac{dv}{du} \cdot \frac{du}{dt} = v \cdot \frac{dv}{du}\,;$$

wenn nun durch die Elimination von t aus (I) und (IIa) $v = \varphi(u)$ gefunden wurde, so erhält man nach (IIIb) auch b abhängig von u.

Die Einführung von $u = \dfrac{x}{\nu}, \qquad v = \dfrac{y}{\varkappa}$ ergibt

$$b = v\,\frac{dv}{du} = \frac{\nu}{\varkappa^2} \cdot y\,\frac{dy}{dx} = \frac{\nu}{\varkappa^2} \cdot y \cdot \tan\varepsilon$$

$$\text{(IIIc)} \qquad\qquad = \frac{\nu}{\varkappa^2} \cdot \overline{C\,N}\,,$$

da aus dem Dreieck CEN sich $\overline{CN} = \overline{EC} \cdot \tan \varepsilon$ findet. Es ist sonach, wie behauptet, die Beschleunigung b der Subnormalen $\overline{CN}$ der Schaulinie proportional.

Beispiele:

1. Bei der gleichmäßig veränderten Bewegung ist nach (7)

$$v = \pm \sqrt{v_0{}^2 + 2\,b\,(u - u_0)},$$

das Geschwindigkeits-Wege-Schaubild sonach eine Parabel (s. Fig. 20). Diese hat bekanntlich die Eigenschaft, daß ihre Subnormale $\overline{CN}$ auf der Hauptachse konstant ist, wie erforderlich, da die Beschleunigung b dieser Bewegung sich nicht ändert.

2. Ist die Schaulinie in dem vorliegenden Schaubild eine Gerade g von der Gleichung $y = k \cdot x$, so entspricht dieser das Änderungsgesetz

$$v = \frac{\mu}{\varkappa} \cdot k \cdot u = a \cdot u,$$

und es wird

$$b = v \cdot \frac{dv}{du} = a^2 \cdot u$$

in Übereinstimmung mit der geometrischen Bestimmung von b aus der Schaulinie Fig. 21, welche $b = \dfrac{v}{\varkappa^2} \cdot \overline{CN} = \dfrac{v}{\varkappa^2} \cdot y \cdot \tan \gamma = \dfrac{v}{\varkappa^2} \cdot \tan^2 \gamma \cdot x = \left(\dfrac{v \tan \gamma}{\varkappa}\right)^2 \cdot u$

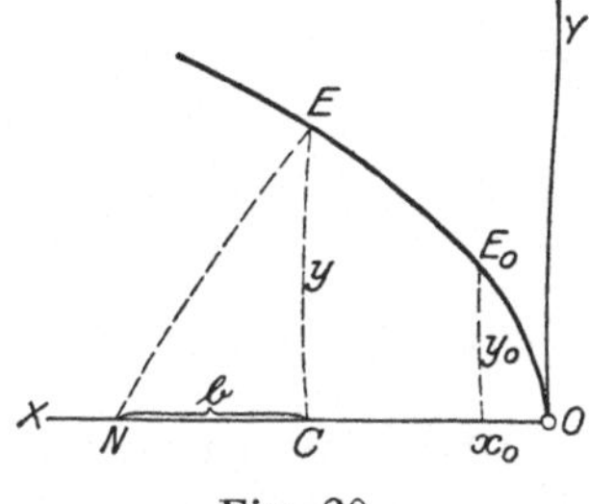

Fig. 20.

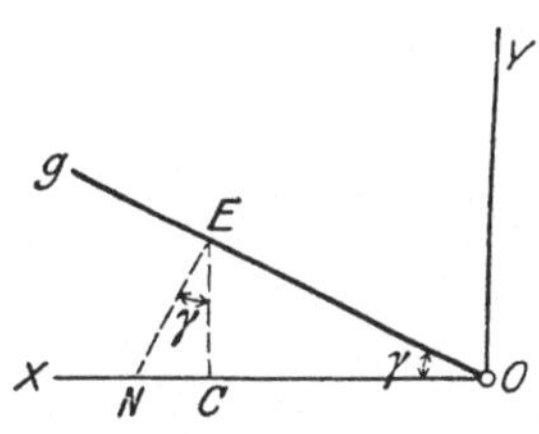

Fig. 21.

liefert. Der Ausdruck für b zeigt, daß für $u = u_0 = 0$ auch $b = 0$ werden müßte, also, da auch $v_0 = 0$ wird, in dieser Stelle der Punkt A_0 in Ruhe bleibt, falls er es war. Dieses Beispiel ist von geschichtlichem Interesse, da Galilei, von dem philosophischen Grundsatze ausgehend, daß „die Natur in ihrem Wirken am einfachsten sei", von dem freien Fall schwerer Körper annahm, daß die Geschwindigkeit proportional dem Fallraum ist, also die Beziehung $v = a \cdot u$ für ihn gelte. Erst später, nachdem ihn messende Versuche von der Unrichtigkeit dieser Annahme überzeugt hatten, kam er auf die andere Annahme, daß die Geschwindigkeit sich der Zeit proportional ändere, also $v = g \cdot t$ sei.

3. Die durch die Bezeichnung $u = A \cdot \cos(kt)$ dargestellte Bewegung ist eine periodische, da u für alle Werte von t, die der Vermehrung von kt um ein ganzes Vielfache von 2π sich zuordnen, nach Größe und Vorzeichen dasselbe ist. Die Konstante A ist gleich u_0, falls $t_0 = 0$ gesetzt wird, was ohne Beschränkung der Allgemeinheit zulässig ist. Wie die Beziehung $u = u_0 \cos(kt)$

zeigt, besteht die Bewegung in einer sog. harmonischen Schwingung um den Bezugspunkt $O\,(u=0)$ zwischen den Grenzen $+u_0$ und $-u_0$; die Dauer de,r einfachen Schwingung ist $T=\dfrac{\pi}{k}$, es kehrt folglich A nach $2\,T$ Sekunden wieder in die Ausgangslage zurück. Für die Geschwindigkeit erhalten wir nach (II a)

$$v = -\,k u_0 \cdot \sin(kt)\,,$$

also ebenfalls eine periodische Funktion. Die Elimination der Zeit t aus den Ausdrücken für u und v liefert die Gleichung

$$u^2 + \left(\frac{v}{k}\right)^2 = u_0{}^2\,,$$

die mit $x = \nu \cdot u$, $y = \varkappa \cdot v$ in die Gestalt

$$\left(\frac{x}{x_0}\right)^2 + \left(\frac{y\,\nu}{k\,\varkappa\,x_0}\right)^2 = 1$$

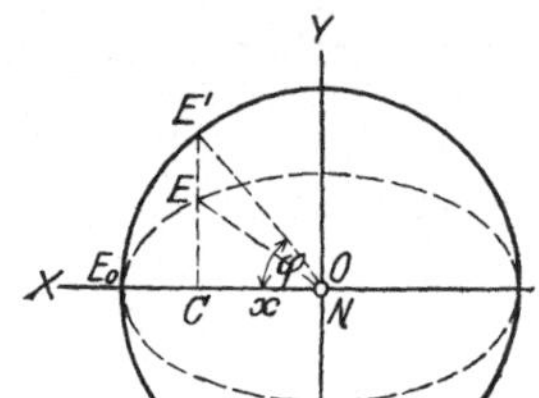

Fig. 22.

übergeht. Die Schaulinie wird folglich durch eine Ellipse (s. Fig. 22) dargestellt, deren Halbachsen x_0 und $\dfrac{x_0\,k\cdot\varkappa}{\nu}$ sind. Da die Maßstäbe für x und y, bez. die Konstanten ν und $\varkappa$ willkürlich gewählt werden dürfen, so läßt sich über letztere so verfügen, daß $\dfrac{k\cdot\varkappa}{\nu}=1$ wird; dann geht die Ellipse in einen Kreis vom Radius x_0 über. Die Beschleunigung der Bewegung wird nach (III c) hier

$$b = -\,\frac{\nu}{\varkappa^2}\cdot\overline{CN}\,,$$

weil der b darstellende Vektor nach O, d. i. nach der negativen X-Achse hin gerichtet ist. Da $\overline{OC}=x=\overline{NC}$, so wird

$$b = -\,\frac{\nu}{\varkappa^2}\cdot x = -\,k^2\cdot u\,,$$

und dieser Wert ergibt sich auch aus (III a), bez. (III) unmittelbar durch Differentiation. Es ist sonach b immer nach dem Bezugspunkt O als dem Mittelpunkt der Schwingung hin gerichtet und proportional der Entfernung u des Punktes A von O. —

Es liegt nahe, die angestellten Betrachtungen weiterzuführen, also zu untersuchen, wie sich die Beschleunigung mit der Zeit ändert, wobei wir zu den sogenannten Beschleunigungen höherer Ordnung gelangen würden. Hierzu hat man aber um so weniger Veranlassung, als sich die Beschleunigungen der wirklichen beobachtbaren Bewegungen, wie die Erfahrung lehrt, nur mit dem Orte, nicht aber mit der Zeit ändern.

Drittes Kapitel.

Die krummlinige Bewegung eines Punktes.

Die Begriffe und Sätze, welche im vorigen Kapitel für die geradlinige Bewegung eines Punktes aufgestellt wurden, lassen sich zum größten Teile auch auf die krummlinigen Bewegungen übertragen. Es ist hierzu nur nötig, auf der Bahnkurve einen Bezugspunkt O zu wählen und die Lage des bewegten Punktes A auf der Kurve durch die Länge des Bogens $\overset{\frown}{OA}$ in bestimmter Richtung aufgetragen festzustellen. Setzen wir

$$\overset{\frown}{OA} = u,$$

so bestimmt die Gleichung (I) auch hier die Bewegung völlig, falls wieder $f(t)$ eine eindeutige Funktion der Zeit ist. Bezeichnet t_0 die Anfangszeit und u_0 die Entfernung der Anfangslage A_0 von O, so erhält man als Weg des Punktes in der Zeit $t - t_0$

$$w = u - u_0 = f(t) - f(t_0),$$

vorausgesetzt. daß in dieser Zeit sich der Punkt nur nach einer Seite hin bewegt, also keine Umkehr der Bewegung auf der Kurve statt

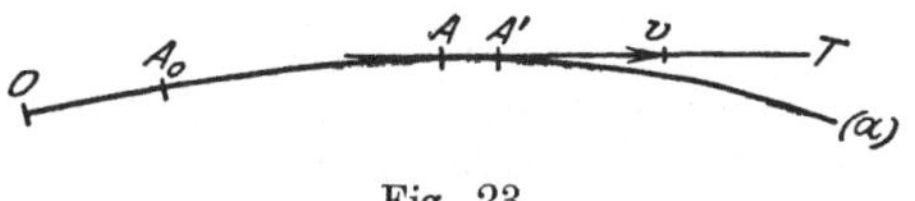

Fig. 23.

hat. Beachten wir weiter, daß das Bahnelement $\overline{AA'} = du$ zugleich ein Element der Bahntangente AT (s. Fig. 23) ist, so läßt sich der Begriff der Geschwindigkeit des Punktes A, wie ihn die Gleichung (II) festsetzt, nämlich

$$v = \frac{du}{dt}$$

ohne weiteres auf die krummlinige Bewegung übertragen, weil v als Geschwindigkeit einer unendlich kleinen geradlinigen Bewegung aufgefaßt werden darf, deren Richtung mit der der Bahntangente übereinstimmt. Mit der Beschleunigung dagegen ist das nicht der Fall, denn die Geschwindigkeiten in zwei unendlich benachbarten Punkten der Bahn unterscheiden sich im allgemeinen nicht nur der Größe, sondern auch der Richtung. nach, und dieser Unterschied ist von wesentlichem Einfluß auf Größe und Richtung der Beschleunigung, wie weiterhin gezeigt werden soll.

Überdies hat die Benutzung der Gleichung (I) zur Darstellung der Bewegung zur Voraussetzung, daß die Bahnkurve bereits bekannt, bzw. gegeben ist, wie z. B. bei der Bewegung eines Punktes auf einer gegebenen starren Kurve. Wenn das dagegen nicht zutrifft, so muß die Lage des Punktes gegen den Bezugskörper durch Koordinaten, die von der Zeit in bekannter Weise abhängen, bestimmt werden, falls die Bewegung des Punktes bekannt sein soll.

Die Verwendung der Punktkoordinaten zu diesem Zweck steht in engstem Zusammenhang mit der Zurückführung der krummlinigen Bewegungen auf geradlinige, und diese hat den Vorteil, daß sich die Sätze und Begriffe für letztere, soweit sie im vorigen Kapitel gewonnen wurden, für die krummlinige Bewegung erweitern und verwerten lassen. Hierbei wollen wir zwecks Vereinfachung der Untersuchungen zwischen ebenen und räumlich gekrümmten Bahnkurven unterscheiden und uns zunächst den ersteren zuwenden.

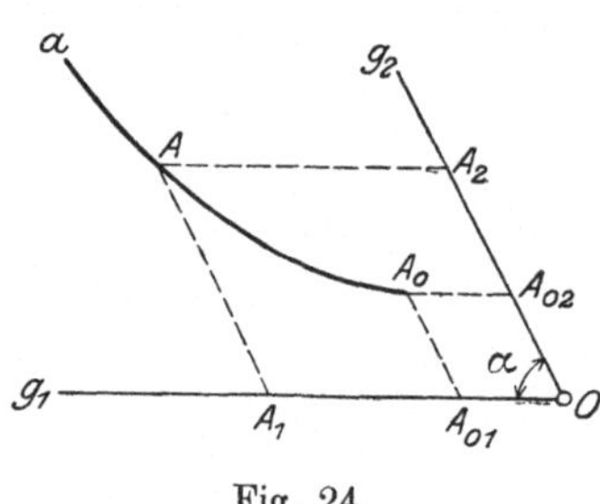

Fig. 24.

Es sei a (s. Fig. 24) eine ebene Bahnkurve beliebiger Art, A_0 die Anfangslage und A die Lage des Punktes zur Zeit t. Wir nehmen in der Ebene der Bahn irgend zwei Geraden g_1 und g_2 an, die sich unter dem Winkel α im Punkte O schneiden mögen. Legen wir durch A eine Parallele zu g_2, so schneidet diese g_1 in einem Punkte A_1, dessen Lage sich in ganz bestimmter Weise mit der Zeit t ändert, falls A seine Bahn nach gegebenem Gesetz durchläuft. Es wird sonach $\overline{OA_1} = u_1$ eine ganz bestimmte eindeutige Funktion $f_1(t)$ sein, dementsprechend A_1 eine ganz bestimmte Bewegung auf der Geraden g_1 vollziehen. Diese Bewegung werde die projizierte oder auch Seitenbewegung des Punktes A auf der Geraden g_1 genannt. In der gleichen Weise erhalten wir durch das Ziehen einer Parallelen zu g_1 durch A einen Punkt A_2 auf g_2, der die projizierte oder Seitenbewegung von A auf g_2 beschreibt. Man nennt OA_1AA_2 das Parallelogramm der Bewegungen und die Ermittlung der Seitenbewegungen durch diese die Zerlegung einer Bewegung in projizierte oder Seitenbewegungen nach gegebenen Richtungen, bzw. nach zwei Geraden. Die Strecken $\overline{OA_1} = u_1$ und $\overline{OA_2} = u_2$ haben die Bedeutung von schiefwinkligen Punktkoordinaten, durch die die Lage von A bestimmt wird.

Beispiel: Ein Punkt A bewege sich gleichförmig auf einem Kreise vom Radius r, in dessen Mittelpunkt O sich die beiden Geraden g_1 und g_2 rechtwinklig schneiden mögen; die Gerade g_1 werde durch die Anfangslage A_0 gelegt. Bezeichnet φ den Winkel A_0OA, so erhält man sofort (s. Fig. 25)

$$\overline{OA_1} = OA \cdot \cos \varphi = r \cos \varphi; \qquad \overline{OA_2} = r \sin \varphi.$$

Wegen der Gleichförmigkeit der Bewegung von A auf dem Kreise ist andererseits zufolge (1 a)

$$\widehat{A_0 A} = r \cdot \varphi = c \cdot t,$$

da $u_0 = 0$ ist und falls $t_0 = 0$ gesetzt wird; hierin bezeichnet c die Geschwindigkeit von A auf seiner Kreisbahn. Sonach ergeben sich für die beiden Seitenbewegungen auf g_1 bzw. g_2 die Gleichungen

$$\overline{OA_1} = u_1 = r \cos\left(\frac{c}{r}\cdot t\right), \qquad \overline{OA_2} = u_2 = r \sin\left(\frac{c}{r}\cdot t\right).$$

Beide Bewegungen sind harmonische Schwingungen der gleichen Art, wie in dem Beispiel 3 auf S. 23.

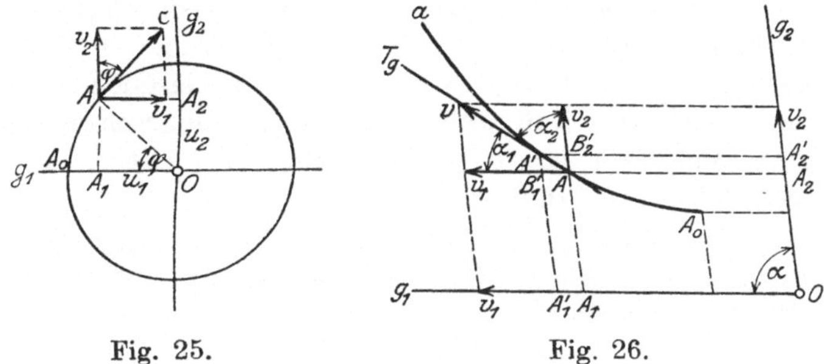

Fig. 25.   Fig. 26.

Auch die Geschwindigkeiten der Seitenbewegungen ergeben sich durch das gleiche Verfahren der Zerlegung. Ist $\overline{AA'} = du$ der Weg des Punktes A in der Zeit dt, so legen A_1 und A_2 (s. Fig. 26) in derselben Zeit die Wege $\overline{A_1 A_1'} = du_1$, $\overline{A_2 A_2'} = du_2$ zurück, die erhalten werden unter Benutzung des Parallelogrammes der Bewegungen für die Punkte A und A'. Da aber $\overline{A_1 A_1'} = \overline{AB_1'}$ und $\overline{A_2 A_2'} = \overline{AB_2'}$, so finden sich du_1 und du_2 als Seiten des unendlich kleinen Parallelogrammes $AB_1'A'B_2'$ der Wege, dessen Diagonale AA' mit g_1 bzw. g_2 die bekannten Winkel α_1 bzw. α_2 einschließt, nach dem Sinussatz zu

$$du_1 = \overline{AB_1'} = \overline{AA'} \cdot \frac{\sin\alpha_2}{\sin\alpha} = \frac{\sin\alpha_2}{\sin\alpha}\cdot du$$

und

$$du_2 = \overline{AB_2'} = \overline{AA'} \cdot \frac{\sin\alpha_1}{\sin\alpha} = \frac{\sin\alpha_1}{\sin\alpha}\cdot du.$$

Die gesuchten Geschwindigkeiten der Seitenbewegungen $v_1 = \dfrac{du_1}{dt}$ und $v_2 = \dfrac{du_2}{dt}$ ergeben sich folglich, weil $\dfrac{du}{dt} = v$ die Geschwindigkeit des Punktes A auf seiner Bahn a ist, zu

$$(8) \qquad v_1 = v \cdot \frac{\sin\alpha_2}{\sin\alpha}, \qquad v_2 = v \cdot \frac{\sin\alpha_1}{\sin\alpha}.$$

Diese beiden Ausdrücke lassen aber sofort erkennen, daß, wenn man sich die drei Geschwindigkeiten v, v_1 und v_2 durch Vektoren dargestellt denkt, letztere als Seiten eines Parallelogramms erhalten werden, dessen Diagonale v ist (s. Fig. 26). Dieses Parallelogramm ist dem der Wege ähnlich und ähnlich gelegen und wird das **Parallelogramm der Geschwindigkeiten** genannt, während dessen beide Seiten v_1 und v_2 die **Seitengeschwindigkeiten** oder **Komponenten von v** heißen. Endlich nennt man das Verfahren der Ermittlung von v_1 und v_2 mittels des Parallelogrammes der Geschwindigkeiten die **Zerlegung einer Geschwindigkeit** *in* **Seitengeschwindigkeiten oder Komponenten nach gegebenen Richtungen.** Faßt man die Ermittlung der Seitenbewegungen als schiefwinklige Projektionen von A auf die Geraden g_1 und g_2 auf, so lassen sich die Endpunkte der die Seitengeschwindigkeiten darstellenden Vektoren durch schiefwinklige Projektion des Endpunktes des Vektors v erhalten.

Beispiel: Wendet man dieses Verfahren auf das Beispiel der gleichförmigen Bewegung eines Punktes auf einem Kreise an (s. S. 26), so findet man, da hier $v = c$, $\alpha = 90^0$, $\alpha_1 = 90^0 - \varphi$, $\alpha_2 = \varphi$,

$$v_1 = - c \sin \varphi = - c \sin \left(\frac{c}{r} \cdot t \right), \qquad v_2 = c \cos \varphi = c \cos \left(\frac{c}{r} \cdot t \right).$$

Die gleichen Ausdrücke erhält man unmittelbar durch Differentiation der Formeln für u_1 und u_2 nach t.

Sind umgekehrt die beiden Seitenbewegungen einer krummlinigen Bewegung bekannt, so läßt sich letztere leicht finden. Denn da in diesem Falle u_1 und u_2 als eindeutige Funktionen der Zeit t gegeben sein müssen, so erhält man für jeden Wert von t die Lagen der Punkte A_1 auf g_1 und A_2 auf g_2 und durch das Parallelogramm der Bewegungen die zugehörige Lage von A und damit zugleich die Bahn dieses Punktes. Dieses Verfahren zur Ermittlung der Bewegung von A heißt die **Zusammensetzung zweier projizierter oder Seitenbewegungen** und die erhaltene Bewegung die **resultierende Bewegung.** Die Gleichung der Bahn in den schiefwinkligen Koordinaten u_1 und u_2 erhält man sofort durch Elimination der Zeit t aus den beiden Gleichungen $u_1 = f_1(t)$ und $u_2 = f_2(t)$, denn in beiden Ausdrücken hat t stets den gleichen Wert.

Beispiel: Die Seitenbewegung auf der horizontalen X-Achse eines ebenen rechtwinkligen Koordinatensystems sei gleichförmig, und zwar durch die Gleichung $x = c \cdot t$ gegeben, worin $\overline{OA} = u_1 = x$ und c die Geschwindigkeit dieser Bewegung bezeichnet (s. Fig. 27). Die Seitenbewegung auf der Vertikalen Y-Achse sei dagegen gleichmäßig beschleunigt und durch die Gleichung $y = \frac{1}{2} g \cdot t^2$ bestimmt, in der $\overline{OA_2} = u_2 = y$ und g die Beschleunigung der Bewegung bezeichnet. Da für $t = t_0 = 0$ sowohl x als y Null werden, so fällt die Anfangslage A_0 mit dem Koordinatenanfang zusammen. Das Parallelogramm der Bewegungen geht hier in das Rechteck $O A_x A A_y$ über, da $\alpha = 90^0$ ist. Die Zusammensetzung beider Bewegungen ergibt als resultierende Bewegung eine ungleichförmige krummlinige Bewegung, deren Bahn die Gleichung

$$y = \tfrac{1}{2} g \left(\frac{x}{c}\right)^2 = \frac{g}{2\,c^2} \cdot x^2$$

hat; die Bahn ist sonach eine Parabel, welche die X-Achse in O berührt.

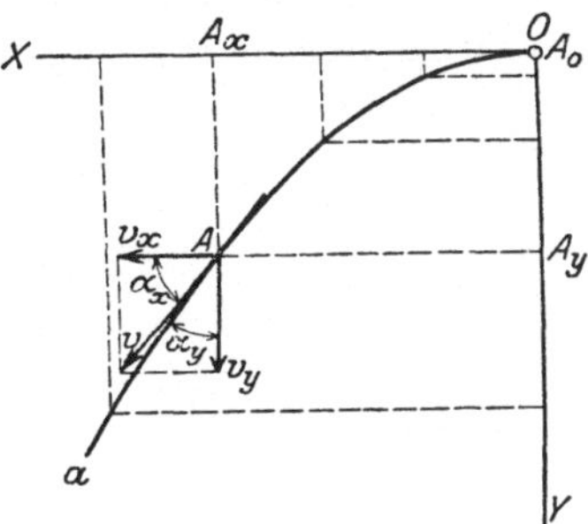

Fig. 27.

Die Größe und Richtung der Geschwindigkeit der resultierenden Bewegung läßt sich in einfacher Weise aus den Geschwindigkeiten der Seitenbewegungen ableiten. Letztere findet man mittels der Ausdrücke für u_1 und u_2 zu

$$(8\,a) \qquad v_1 = \frac{d u_1}{d t} = f_1'(t), \qquad v_2 = \frac{d u_2}{d t} = f_2'(t);$$

in den Gleichungen (8) sind folglich v_1 und v_2 und außerdem α als bekannt anzusehen. Berücksichtigt man, daß sich aus den Gleichungen (8) durch Elimination von v die Beziehung

$$v_1 \sin \alpha_1 = v_2 \sin \alpha_2$$

ergibt, und für α_1 und α_2 die weitere Beziehung

$$\alpha_1 + \alpha_2 = \alpha$$

besteht, so folgt zunächst

$$v_1 \sin \alpha_1 = v_2 \sin(\alpha - \alpha_1) = v_2 (\sin \alpha \cos \alpha_1 - \cos \alpha \sin \alpha_1)$$

und hieraus

$$(9\,a) \qquad \tan \alpha_1 = \frac{v_2 \sin \alpha}{v_1 + v_2 \cos \alpha};$$

in gleicher Weise findet man

$$(9\,b) \qquad \tan \alpha_2 = \frac{v_1 \sin \alpha}{v_1 \cos \alpha + v_2}.$$

Mittels dieser beiden Ausdrücke erhält man weiter

$$\cot \alpha_1 + \cot \alpha_2 = \frac{\sin \alpha}{\sin \alpha_1 \sin \alpha_2} = \frac{v_1^2 + v_2^2 + 2\, v_1 v_2 \cos \alpha}{v_1 v_2 \sin \alpha}$$

und mit Zuziehung der Gleichungen (8)

$$(10) \qquad v = \sqrt{v_1^2 + v_2^2 + 2\, v_1 v_2 \cos \alpha}.$$

Die Wurzel ist hierin ohne Vorzeichen zu nehmen; die Richtung von v wird durch die Gleichungen (9 a) und (9 b) eindeutig bestimmt.

Dieselben Werte für v, α_1 und α_2 erhält man aber auch aus dem Parallelogramm der Geschwindigkeiten (s. Fig. 28), falls man v_1 und v_2 nach beliebigem Maßstab durch Vektoren darstellt. Die hierauf beruhende Ermittlung des Vektors $\mathfrak{v}$ nennt man die Zusammensetzung zweier Seitengeschwindigkeiten oder Komponenten, und $\mathfrak{v}$ heißt die resultierende Geschwindigkeit von $\mathfrak{v}_1$ und $\mathfrak{v}_2$.

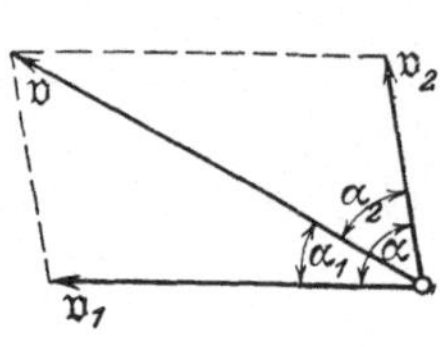

Fig. 28.

Diese Zusammensetzung von $\mathfrak{v}_1$ und $\mathfrak{v}_2$ mittels des Parallelogrammes der Geschwindigkeiten deckt sich völlig mit der geometrischen Addition zweier Strecken oder Vektoren; wir können daher viel kürzer

$$(11) \qquad \mathfrak{v} = \mathfrak{v}_1 + \mathfrak{v}_2$$

schreiben, indem wir beachten, daß das Dreieck, das entsteht, wenn man im Endpunkt des Vektors $\mathfrak{v}_1$ den Anfangspunkt von $\mathfrak{v}_2$ legt, und den Endpunkt von $\mathfrak{v}_2$ mit dem Anfangspunkt von $\mathfrak{v}_1$ durch eine Gerade verbindet, die Hälfte des Parallelogrammes der Geschwindigkeiten ist.

Wichtige Sonderfälle sind

1. $\alpha = 0$. Dann wird $\alpha_1 = \alpha_2 = 0$ und $v = v_1 + v_2$, d. h. gleich der algebraischen Summe der beiden Seitengeschwindigkeiten.

2. $\alpha = 90^0$. Dann erhält man einfacher $v = \sqrt{v_1{}^2 + v_2{}^2}$ und $\sin \alpha_1 = \dfrac{v_2}{v}$, $\sin \alpha_2 = \cos \alpha_1 = \dfrac{v_1}{v}$.

3. $\alpha = 180^0$. In diesem Falle bezeichne v_1 die größere der beiden Seitengeschwindigkeiten, so daß $v_1 > v_2$. Dann hat man, weil $v = v_1 - v_2$ und gleich gerichtet mit v_1 ist, $\alpha_1 = 0$; $\alpha_2 = 180^0$.

Beispiel: In dem Beispiel auf S. 28 ist $v_1 = c$, $v_2 = \dfrac{dy}{dt} = g \cdot t$ und $\alpha = 90^0$; man erhält daher $v = \sqrt{c^2 + g^2 \cdot t^2}$, $\tan \alpha_1 = \dfrac{v_2}{v_1} = \dfrac{g}{c} \cdot t$; es ändern sich folglich Größe und Richtung von v mit der Zeit.

Wenden wir uns nunmehr den räumlich gekrümmten Bahnkurven zu, so möge zunächst eine Zerlegung der räumlichen Bewegung eines Punktes in die projizierte Bewegung auf einer beliebigen Ebene und auf einer die Ebene schneidenden Geraden behandelt werden. Es sei (s. Fig. 29) E die Ebene, welche von der Geraden g in O geschnitten werden mag. Ziehen wir durch

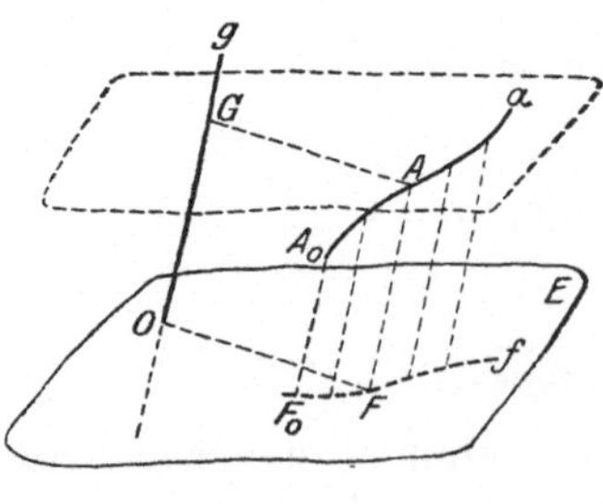

Fig. 29.

alle Lagen des bewegten Punktes A auf seiner Bahn a die Parallelen zu g, so schneiden diese die Ebene in Punkten F, welche in E eine eindeutig bestimmte, von A abhängige Bewegung vollziehen, deren Bahn eine ebene Kurve f ist. Legen wir ferner durch A eine zu E parallele Ebene, oder was auf dasselbe hinauskommt, ziehen wir $AG \| OF$, so vollzieht der Schnittpunkt G auf g eine projizierte oder Seitenbewegung der bisher behandelten Art. Von dieser Projektion der räumlichen Bewegung auf eine Ebene wird häufig mit Vorteil Gebrauch gemacht, insbesondere bei der Anwendung von Zylinderkoordinaten zur Darstellung der Bewegung eines Punktes.

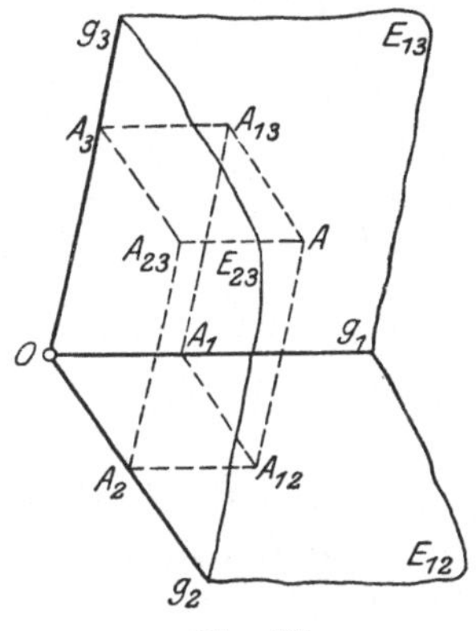

Fig. 30.

Wir benutzen hier zunächst den Umstand, daß sich die Bewegung des Punktes F in E wie vorher in zwei geradlinige Seitenbewegungen zerlegen läßt. Legen wir durch O zwei beliebige Geraden g_1 und g_2 in E und bezeichnen die Gerade g jetzt mit g_3 (s. Fig. 30), den Punkt F mit A_{12}, so erhalten wir durch die angedeutete Zerlegung drei Seitenbewegungen des Punktes A auf den drei Geraden g_1, g_2 und g_3. Bezeichnen wir ferner die Ebenen je zweier dieser Geraden mit E_{12}, E_{23}, E_{13} und legen durch A die drei parallelen Ebenen zu diesen, so schneiden sich die sechs Ebenen in den Kanten eines Parallelepipedes $OA_1 A_{12} A_2 A_{23} A_3 A_{13} A$, dessen Eckpunkte A_1, A_2 und A_3 die projizierten Bewegungen des Punktes A auf den drei Geraden g_1, g_2 und g_3 ausführen; dieses Parallelepiped heißt das der Bewegungen. Die Strecken $\overline{OA_1} = u_1$, $\overline{OA_2} = u_2$, $\overline{OA_3} = u_3$ können als schiefwinklige Koordinaten des Punktes A aufgefaßt werden; sie sind eindeutige Funktionen der Zeit.

Sind umgekehrt die drei Seitenbewegungen von A auf den drei Geraden bekannt, also $u_1 = f_1(t)$, $u_2 = f_2(t)$, $u_3 = f_3(t)$ gegeben, so läßt sich die Lage von A als dem O gegenüberliegenden Eckpunkt des Parallelepipedes der Bewegungen ohne weiteres ermitteln, und zwar für jeden Wert der Zeit t. Man nennt dieses Verfahren der Ermittlung der Bewegung von A die Zusammensetzung dreier Seitenbewegungen durch das Parallelepiped der Bewegungen; die so erhaltene Bewegung von A heißt wieder die resultierende Bewegung.

Ist A' (s. Fig. 31, S. 32) die Lage des Punktes A zur Zeit $t + dt$ und $\overline{AA'} = du$ die Länge des Weges in der Zeit dt, so ändern sich auch

u_1, u_2, u_3 entsprechend um die Weglängen du_1, du_2, du_3. Letztere erhält man durch das Parallelepiped der Bewegungen für den Punkt A' und man erkennt wie in der Ebene leicht, daß du_1, du_2, du_3 gleich den Kanten eines unendlich kleinen Parallelepipedes sind, dessen Diagonale die Wegstrecke $\overline{A A'} = du$ des Punktes A in der Zeit dt ist; dieses **Parallelepiped** wird das der **Wege** genannt. Beachtet man, daß die Geschwindigkeit des

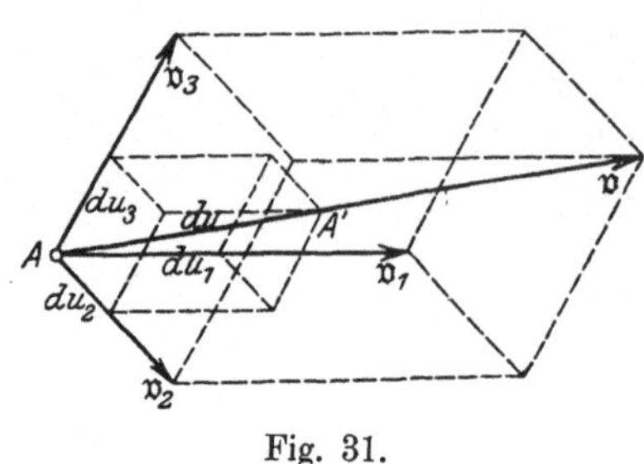

Fig. 31.

Punktes A $v = \dfrac{du}{dt}$ ist, ferner die Geschwindigkeiten der Seitenbewegungen $v_1 = \dfrac{du_1}{dt}$, $v_2 = \dfrac{du_2}{dt}$ und $v_3 = \dfrac{du_3}{dt}$ werden, so ersieht man sofort, daß die drei Vektoren, welche die Geschwindigkeiten v_1, v_2, v_3 nach Größe und Richtung darstellen, den Kanten eines Parallelepidedes entsprechen, dessen Diagonale der v entsprechende Vektor ist. Dieses Parallelepiped, das dem der Wege ähnlich und ähnlich gelegen ist, heißt das **Parallelepiped der Geschwindigkeiten.** Durch dieses wird einerseits die **Zerlegung von v in Komponenten oder Seitengeschwindigkeiten nach gegebenen Richtungen** bewirkt, andererseits die **Zusammensetzung der Seitengeschwindigkeiten zu einer resultierenden Geschwindigkeit.** Letztere läßt sich unter Verwendung der Vektoren durch geometrische Addition ausführen, also in der Form

$$(12) \qquad \mathfrak{v} = \mathfrak{v}_1 + \mathfrak{v}_2 + \mathfrak{v}_3$$

schreiben.

Viertes Kapitel.

Die Beschleunigung der krummlinigen Bewegung.

Bezeichnen v und v' die Geschwindigkeiten der krummlinigen Bewegung eines Punktes A in zwei aufeinander folgenden Lagen A und A' (s. Fig. 32), so unterscheiden sie sich im allgemeinen nach Größe und Richtung. Der Größenunterschied $v' - v$ werde mit $\varDelta v$ bezeichnet, also $v' - v = \varDelta v$ gesetzt. Der Richtungsunterschied $\varDelta \tau$ ist der gleiche wie der der Bahntangenten AT und

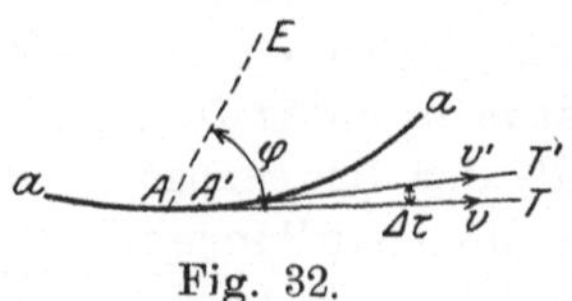

Fig. 32.

$A'T''$, also der Schmiegungswinkel der Kurve in A. Größen- und Richtungsunterschied der beiden Geschwindigkeiten wird gegeben durch den geometrischen Unterschied der beiden Vektoren $\mathfrak{v}$ und $\mathfrak{v}'$, den man findet, wenn man diese von einem beliebigen Punkte Q aus anträgt (s. Fig. 33). Die Strecke $\Delta\mathfrak{v}$, die man zufügen bzw. zu $\mathfrak{v}$ geometrisch addieren muß, um $\mathfrak{v}'$ zu erhalten, ist die dritte Seite des Dreieckes, dessen beide andere Seiten $\mathfrak{v}$ und $\mathfrak{v}'$ sind. Wir erhalten folglich $\mathfrak{v}'$ durch Zusammensetzung von $\mathfrak{v}$ und $\Delta\mathfrak{v}$ als Diagonale des Parallelo-

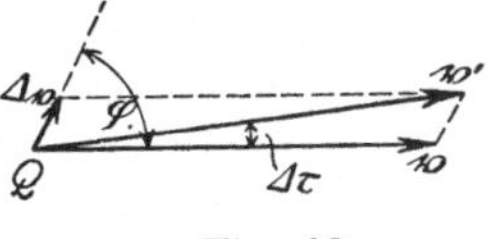

Fig. 33.

grammes der Geschwindigkeiten oder, was auf dasselbe hinauskommt, durch die Beziehung, welche die geometrische Addition der Strecken ausdrückt,

$$\mathfrak{v}' = \mathfrak{v} + \Delta\mathfrak{v}.$$

Die Zusatzgeschwindigkeit $\Delta\mathfrak{v}$ wurde bisher vielfach **Elementarbeschleunigung** genannt; besser ist es, sie den **Geschwindigkeitszuwachs nach Größe und Richtung** oder den **vektoriellen Geschwindigkeitszuwachs** zu nennen. Der Winkel φ, den Δv und $\mathfrak{v}$ einschließen, ist ein endlicher; er kann alle Werte zwischen 0 und π haben. Dem Vektor $\Delta\mathfrak{v}$ entspreche in Wirklichkeit eine (sehr kleine) Geschwindigkeit, die zur Unterscheidung von $\Delta\mathfrak{v}$ mit $\overline{\Delta v}$ bezeichnet werden möge; es sei demnach

$$\Delta\mathfrak{v} \triangleq \overline{\Delta v}.$$

Ziehen wir in Fig. 32 $\overline{AE} \| \Delta\mathfrak{v}$, und zerlegen die Bewegung von A in Seitenbewegungen in Richtung von AT und AE, so erkennen wir leicht, daß die Seitenbewegung auf der Bahntangente für zwei unendlich benachbarte Lagen gleichförmig ist, denn A' liegt auf AT und die Seitengeschwindigkeit bzw. Komponente von v' in Richtung von AT ist ja v. Dagegen ist die Geschwindigkeit der Seitenbewegung auf AE in A Null und wird für die folgende (A' entsprechende) Lage gleich $\overline{\Delta v}$; diese Bewegung besitzt deshalb eine Beschleunigung, und zwar ist letztere als Beschleunigung einer geradlinigen Bewegung der Grenzwert

$$\text{(IV)} \qquad b = \lim \left[\frac{\overline{\Delta v}}{\Delta t}\right]_{\Delta t = 0}.$$

Der entsprechende Ausdruck für b ist aber nicht identisch mit $\dfrac{dv}{dt}$, denn $\overline{\Delta v}$ und $\Delta v = v' - v$ sind verschiedene Größen. Beachten wir nun, daß die Seitenbewegung in Richtung der Tangente keine Be-

schleunigung besitzt, so muß die Beschleunigung der krummlinigen
Bewegung des Punktes A mit b sich decken.

Die durch (IV) gegebene Beschleunigung der krummlinigen Bewegung bezieht sich nicht nur auf den Fall, daß die Bahn des
Punktes eine ebene Kurve ist, sondern auch auf den der räumlich
gekrümmten Bahn. Denn die Ableitung des Ausdruckes für b benutzt nur die Geschwindigkeiten in zwei unendlich benachbarten
Lagen des Punktes A bzw. zwei benachbarte Tangenten der Bahn,
die sich in A' schneiden; letztere liegen in einer Ebene, welche die
Schmiegungsebene der Raumkurve im Punkte A genannt wird.
Es liegt somit $\varDelta v$ und folglich b in dieser Ebene, und wir erkennen
sonach, daß die durch die Vektoren v und b eines Punktes A
bestimmte Ebene die augenblickliche Schmiegungsebene
der Bahn des Punktes ist.

Um den Zusammenhang der Beschleunigung b mit dem Bewegungsvorgang aufzuhellen, ist es nötig, einen Satz zu benutzen,
dessen Beweis zunächst für den Fall einer ebenen Bahnkurve gegeben werden soll. Es sei v (s. Fig. 34) die Geschwindigkeit von A
zur Zeit t und $\varDelta v$ der vektorielle Geschwindigkeitszuwachs. Zerlegen
wir die Bewegung in Seitenbewegungen auf den willkürlich gewählten
Geraden g_1 und g_2, so finden wir
zunächst durch das Parallelogramm

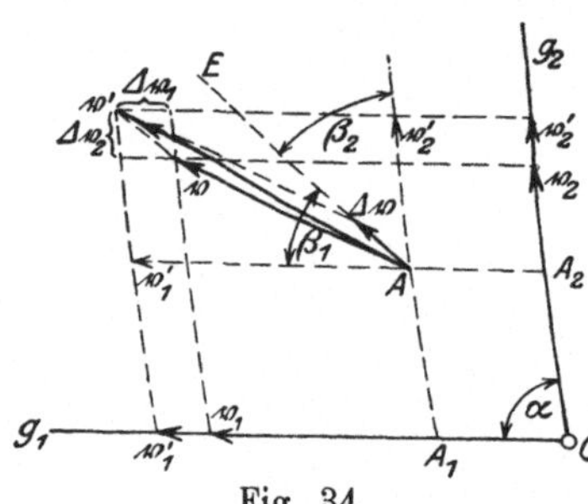
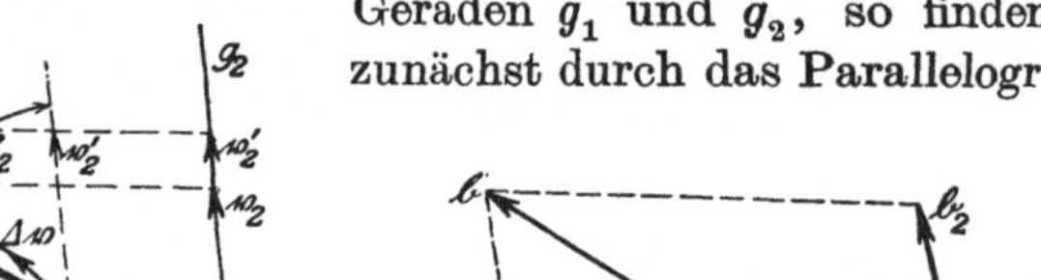

Fig. 34.   Fig. 35.

der Geschwindigkeiten die Geschwindigkeiten v_1 und v_2 der Seitenbewegungen der Punkte A_1 und A_2, und wenn man auch v' in
Komponenten v_1' und v_2' zerlegt, so sieht man unmittelbar ein, daß
die Änderungen der Seitengeschwindigkeiten, nämlich $\varDelta v_1 = v_1' - v_1$,
$\varDelta v_2 = v_2' - v_2$ gleich den Seiten eines unendlich kleinen Parallelogramms sind, dessen Diagonale den Geschwindigkeitszuwachs $\varDelta v$
nach Größe und Richtung darstellt. Bezeichnen β_1 bzw. β_2 die
Winkel, die $\varDelta v$ und also auch b mit den Geraden g_1 und g_2 einschließt (s. Fig. 35), so findet sich aus dem Parallelogramm

$$\varDelta v_1 = \varDelta v \cdot \frac{\sin \beta_2}{\sin \alpha}, \qquad \varDelta v_2 = \varDelta v \cdot \frac{\sin \beta_1}{\sin \alpha},$$

folglich

$$\mathfrak{b}_1 = \lim \left[\frac{\varDelta \mathfrak{v}_1}{\varDelta t}\right]_{\varDelta t=0} = \lim \left[\frac{\varDelta \mathfrak{v}}{\varDelta t} \cdot \frac{\sin \beta_2}{\sin \alpha}\right]_{\varDelta t=0} = \frac{\sin \beta_2}{\sin \alpha} \lim \left[\frac{\varDelta \mathfrak{v}}{\varDelta t}\right]_{\varDelta t=0};$$

es wird sonach zufolge (IV)

$$(13) \qquad \mathfrak{b}_1 = \mathfrak{b} \cdot \frac{\sin \beta_2}{\sin \alpha} \quad \text{und ebenso} \quad \mathfrak{b}_2 = \mathfrak{b} \frac{\sin \beta_1}{\sin \alpha}.$$

Aus der Form dieser Ausdrücke wie aus ihrer Ableitung erkennt man, daß sie durch die Seiten eines Parallelogramms dargestellt werden, dessen Diagonale der Vektor ist, der die Beschleunigung $\mathfrak{b}$ darstellt. Dieses Parallelogramm, das dem der Geschwindigkeitszuwachse ähnlich und ähnlich gelegen ist, heißt das **Parallelogramm der Beschleunigungen** (s. Fig. 35), $\mathfrak{b}_1$ und $\mathfrak{b}_2$ nennt man die **Seitenbeschleunigungen** oder Komponenten von $\mathfrak{b}$ und deren Ermittlung durch das Parallelogramm die **Zerlegung einer Beschleunigung in Komponenten nach gegebenen Richtungen**.

Umgekehrt dient das Parallelogramm der Beschleunigungen auch zur **Zusammensetzung** von Beschleunigungen zu einer **resultierenden Beschleunigung**, d. h. zur Ermittlung der Größe und Richtung von b, falls die Seitenbeschleunigungen b_1 und b_2 bekannt sind. Man erhält letztere nämlich nach (IIIa) aus den Seitenbewegungen $u_1 = f_1(t)$, $u_2 = f_2(t)$ zu

$$(13\,\mathrm{a}) \qquad b_1 = f_1''(t), \qquad b_2 = f_2''(t)$$

und damit aus (13) in Verbindung mit der Beziehung $\beta_1 + \beta_2 = \alpha$ wie vorher (bei Zusammensetzung der Geschwindigkeiten)

$$(14) \qquad \begin{cases} b = \sqrt{b_1{}^2 + b_2{}^2 + 2\,b_1\,b_2\,\cos \alpha} \\[2mm] \sin \beta_1 = \dfrac{b_2}{b} \sin \alpha, \qquad \sin \beta_2 = \dfrac{b_1}{b} \sin \alpha. \end{cases}$$

An Stelle der letzteren beiden Formeln lassen sich auch die (9a) bzw. (9b) entsprechenden

$$\tan \beta_1 = \frac{b_2 \sin \alpha}{b_1 + b_2 \cos \alpha}, \qquad \tan \beta_2 = \frac{b_1 \sin \alpha}{b_1 \cos \alpha + b_2}$$

setzen, um die Richtung von b zu bestimmen. Der Vektor $\mathfrak{b}$ ergibt sich unmittelbar durch geometrische Addition nach der Beziehung

$$(15) \qquad \mathfrak{b}_1 = \mathfrak{b}_1 + \mathfrak{b}_2.$$

Ist die Bahn des Punktes A eine räumlich gekrümmte Kurve, und zerlegen wir die Bewegung mittels des Parallelepipedes der Bewegungen (s. S. 31) in Seitenbewegungen auf drei sich in einem

Punkte schneidenden, nicht in einer Ebene liegenden Geraden, so besteht für die Beschleunigungen dieser Bewegungen eine gleichartige Beziehung wie für die Geschwindigkeiten. Die Vektoren, welche die Beschleunigungen der Seitenbewegungen darstellen, sind die Kanten eines Parallelepipedes, dessen Diagonale die Beschleunigung der gegebenen krummlinigen Bewegung ist. Der Beweis für diesen Satz ist ähnlich dem vorher für den Fall der ebenen Bahnkurve durchgeführten. Wir wenden das Parallelepiped der Geschwindigkeiten auf die Zerlegung der Geschwindigkeiten $\mathfrak{v}$ und $\mathfrak{v}'$ an, dann werden die Zunahmen $\varDelta\mathfrak{v}_k = \mathfrak{v}_k' - \mathfrak{v}_k$ $(k = 1, 2, 3)$ gleich den Kanten eines unendlich kleinen Parallelepipedes, dessen Diagonale $\varDelta\mathfrak{v}$ ist. Da die Beschleunigung der Seitenbewegung auf g_k

$$\mathfrak{b}_k = \lim\left[\frac{\varDelta\,\mathfrak{v}_k}{\varDelta\,t}\right]_{\varDelta t=0} = \frac{d\,v_k}{d\,t}$$

ist, so erkennt man unmittelbar, daß die $\mathfrak{b}_k$ die Kanten eines Parallelepipedes darstellen, das dem der Geschwindigkeitszunahmen $d\,v_k$ ähnlich und ähnlich liegend ist, und das war zu beweisen. Das **Parallelepiped** heißt das **der Beschleunigungen**, durch das die Zerlegung der Beschleunigung $\mathfrak{b}$ in die Komponenten $\mathfrak{b}_k$ bewirkt wird.

Sind umgekehrt die Seitenbewegungen durch die drei Beziehungen $u_k = f_k(t)$ $(k = 1, 2, 3)$ gegeben, also die Beschleunigungen dieser geradlinigen Bewegungen durch $b_k = \dfrac{d^2 u_k}{d t^2} = f_k''(t)$, so finden wir aus ihnen die Beschleunigung b der resultierenden Bewegung, die sog. **resultierende Beschleunigung**, durch **Zusammensetzung** der $\mathfrak{b}_k$ mittels des Parallelepipedes der Beschleunigungen, denn die Beschleunigung b wird durch die Diagonale dieses Parallelepipedes nach Größe und Richtung dargestellt. Die (14) entsprechenden Formeln sollen aber wegen ihrer Umständlichkeit im allgemeinen nicht abgeleitet werden, sondern nur die für den besonders wichtigen Sonderfall, daß die drei Geraden g_k senkrecht zueinander stehen, und zwar im Kapitel 6.

Die geometrische Ermittlung des Vektors $\mathfrak{b}$ dagegen ist ebenso einfach wie in der Ebene; man erhält sofort

$$(16) \qquad\qquad \mathfrak{b} = \mathfrak{b}_1 + \mathfrak{b}_2 + \mathfrak{b}_3\,.$$

Der Satz vom Parallelogramm der Beschleunigungen ist für die Ermittlung des Einflusses der Beschleunigung eines Punktes auf die Bewegung des letzteren, zu der wir uns jetzt wenden, unbedingt nötig, wie die folgenden Darlegungen erkennen lassen. Zur Erleichterung des Verständnisses mögen aber folgende geometrische Darlegungen vorausgeschickt werden.

Drei unendlich benachbarte Punkte A, A', A'' (s. Fig. 36) einer Raumkurve bestimmen eine Ebene, die Schmiegungs- oder Oskulationsebene der Kurve genannt wird; die Senkrechte zur Tangente im Punkte A, die in dieser Ebene liegt, heißt die Hauptnormale der Kurve im Punkte A. Die Kurventangenten in den Punkten A und A' bilden einen unendlich kleinen Winkel $d\tau$, den sog. Schmiegungs- oder Kontingenzwinkel der Kurve in A. Die drei Punkte A, A', A'' bestimmen einen Kreis, der sich der Kurve am genauesten anschließt; er liegt in der Schmiegungsebene und heißt der Krümmungskreis, sein Mittelpunkt K der Krümmungsmittelpunkt und sein Halbmesser der Krümmungsradius der Kurve im Punkte A, während $\dfrac{1}{\varrho} = k$ die Krümmung der Kurve genannt wird. Der Punkt K liegt im Schnitt der beiden Haupt-

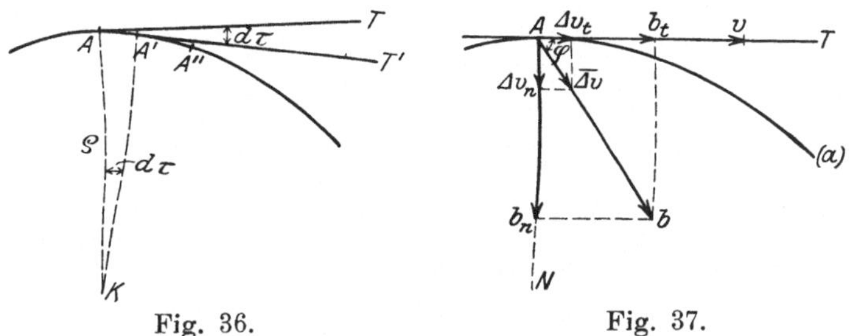

Fig. 36.Fig. 37.

normalen in den Punkten A und A'; deshalb besteht die Beziehung

$$(17) \qquad \overline{A\,A'} = du = \varrho \cdot d\tau ,$$

welche weiterhin benutzt wird.

Zerlegen wir die Bewegung des Punktes A (s. Fig. 37) auf seiner Bahn in Seitenbewegungen auf der Tangente AT und der Hauptnormalen N der Kurve, so werden die entsprechenden Seitenbeschleunigungen b_t und b_n dieser Bewegungen durch Zerlegung der Beschleunigung b des Punktes A mittels des Parallelogramms der Beschleunigungen zu

$$b_t = b \cdot \cos\varphi , \qquad b_n = b \cdot \sin\varphi$$

erhalten, falls φ den Winkel zwischen b und der Tangente AT bezeichnet. Die erstere wird die Tangentialbeschleunigung, letztere die Zentripetalbeschleunigung im Punkte A genannt. Für beide assen sich eigenartige Ausdrücke ableiten, indem man beachtet, daß sié definiert werden durch die Beziehungen

$$b_t = \lim \left[\frac{\varDelta v_t}{\varDelta t}\right]_{\varDelta t = 0} \quad \text{und} \quad b_n = \lim \left[\frac{\varDelta v_n}{\varDelta t}\right]_{\varDelta t = 0},$$

in denen

$$\varDelta v_t = \overline{\varDelta v} \cdot \cos\varphi \quad \text{und} \quad \varDelta v_n = \overline{\varDelta v} \sin\varphi$$

die Komponenten des Geschwindigkeitszuwachses $\overline{\varDelta v}$ in Richtung von AT bzw. AN sind. Aus dem Parallelogramm der Geschwindigkeitsänderungen (s. Fig. 38) folgt nämlich unmittelbar

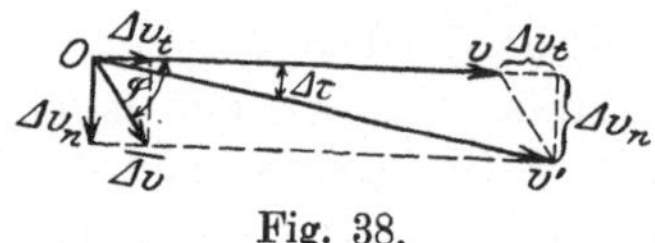

Fig. 38.

$$\varDelta v_t = v' \cdot \cos(\varDelta\tau) - v,$$
$$\varDelta v_n = v' \sin(\varDelta\tau),$$

und darin hat, falls $\varDelta v = v' - v$ den Größenunterschied zwischen den Geschwindigkeiten der Punkte A und A' bezeichnet, v' den Wert $v + \varDelta v$. Folglich wird

$$b_t = \lim \left[\frac{\varDelta v_t}{\varDelta t}\right]_{\varDelta t = 0} = \lim \left[\frac{(v + \varDelta v)\cos(\varDelta\tau) - v}{\varDelta t}\right]_{\varDelta t = 0}$$
$$= \lim \left[\frac{\varDelta v}{\varDelta t}\right]_{\varDelta t = 0} = \frac{dv}{dt},$$

weil $\cos(\varDelta\tau) = 1$ wird, falls man zur Grenze übergeht. Ferner ergibt Fig. 38

$$\varDelta v_n = v' \sin(\varDelta\tau),$$

und weil $\sin(\varDelta\tau)$ in $d\tau$ übergeht, wenn $\varDelta t = 0$ wird, so erhält man

$$b_n = \lim \left[\frac{\varDelta v_n}{\varDelta t}\right]_{\varDelta t = 0} = \lim \left[\frac{(v + \varDelta v)\sin(\varDelta\tau)}{\varDelta t}\right]_{\varDelta t = 0}$$
$$= \lim \left[\frac{v\,\varDelta\tau}{\varDelta t}\right]_{\varDelta t = 0} = v \cdot \frac{d\tau}{dt}.$$

Wir finden sonach die

(V) $\qquad$ **Tangentialbeschleunigung** $\quad b_t = \dfrac{dv}{dt},$

(VI) $\qquad$ **Zentripetalbeschleunigung** $\quad b_n = v\,\dfrac{d\tau}{dt}.$

Man ersieht aus diesen beiden Ausdrücken, daß b_t ein Maß für die Größen- und b_n ein Maß für die Richtungsänderung der Geschwindigkeit v ist. Denn aus ersterer folgt unmittelbar, daß sich die Größe der Geschwindigkeit v in der Zeit dt um $dv = b_t\,dt$ ändert; es hat sonach b_t für die krummlinige Bewegung dieselbe Bedeutung, wie b zufolge (III) für die geradlinige. Andrerseits zeigt der Ausdruck für b_n, daß bei gegebener Geschwindigkeit v die Richtungsänderung $d\tau$ in der Zeit dt proportional b_n ist; man hat so-

nach in der Zentripetalbeschleunigung ein Maß für die **Richtungsänderung** der Geschwindigkeit zu erblicken oder, was auf dasselbe hinauskommt, der Krümmung der Bahnkurve. Denn aus
(17) folgt

$$\frac{d\tau}{dt} = \frac{1}{\varrho} \cdot \frac{du}{dt} = \frac{v}{\varrho};$$

sonach läßt sich auch

(VIa) $$b_n = \frac{v^2}{\varrho}$$

schreiben, oder unter Benutzung des Ausdruckes $k = \dfrac{1}{\varrho}$ für die
Krümmung

(VIb) $$b_n = k \cdot v^2.$$

Je größer somit bei gegebener Geschwindigkeit die Zentripetalbeschleunigung ist, um so größer ist die Krümmung der Bahn bzw.
um so kleiner der Krümmungsradius.

Wie die vorstehenden Erörterungen zeigen, besteht der Einfluß
einer Beschleunigung auf die Bewegung eines Punktes in der Änderung sowohl der Größe als der Richtung der Geschwindigkeit, und
zwar wird die Größenänderung bedingt durch die tangentiale Komponente von b, d. i. durch

$$b_t = b \cdot \cos\varphi,$$

und die Änderung der Richtung bzw. die Krümmung der Bahn
durch die normale Komponente

$$b_n = b \cdot \sin\varphi.$$

Ist die Bahn eine Gerade, so würde, weil $\varrho = \infty$, dauernd $b_n = 0$
und folglich $b = b_t = \dfrac{dv}{dt} \cdot$ werden, in Übereinstimmung mit dem
früheren Ergebnis, das die Gleichung (III) ausdrückt.

Wenn die Bahn dagegen krummlinig ist und die Bewegung
gleichförmig, so würde $b_t = \dfrac{dv}{dt} = 0$ werden, und dann erhielte man
$\varphi = \dfrac{\pi}{2}$ sowie $b = b_n = \dfrac{c^2}{\varrho}$, falls $v = c$ die Geschwindigkeit der Bewegung bezeichnet; diese Beschleunigung ist folglich senkrecht zur
Bahn und nach dem Krümmungsmittelpunkt hin gerichtet. Falls
die Bahn ein Kreis ist, dann wäre $\varrho = r$, d. i. gleich dem Kreis-
radius und sonach $b = b_n = \dfrac{c^2}{r}$ konstant.

Beispiel. Im luftleeren Raume ist die Beschleunigung schwerer Körper
an der Erdoberfläche g immer nach dem Erdmittelpunkte gerichtet. Würde

man nun am Äquator einen Körper in der Äquatortangente mit einer so großen Geschwindigkeit c werfen, daß die Zentripetalbeschleunigung dieser Bewegung mit g übereinstimmt, also $b = b_n = g$ ist, so folgte aus der Beziehung

$$\frac{c^2}{r} = b_n = g$$

die Geschwindigkeit, mit der das erfolgen müßte, zu

$$c = \sqrt{g \cdot r}\,.$$

Da $g = 9{,}78$ ms^{-2} und $r = 6\,440\,000$ m, so wird $c = 7940$ ms$^{-1} = 7{,}9$ kms^{-1}. Bei Abwesenheit des Luftwiderstandes würde folglich der Körper um die Erde eine Kreisbahn beschreiben ähnlich wie der Mond.

Kennt man umgekehrt b_t und b_n, wie z. B. in dem Falle der gebundenen Bewegung auf einer gegebenen Kurve, die nach bekanntem Gesetz $u = f(t)$ durchlaufen wird, so daß $v = f'(t)$, $b_t = \dfrac{dv}{dt} = f''(t)$ sich ergibt, folglich auch $b_n = \dfrac{v^2}{\varrho}$, dann wird die resultierende oder totale Beschleunigung

$$(18) \qquad b = \sqrt{b_t{}^2 + b_n{}^2} = \sqrt{\{f''(t)\}^2 + \frac{1}{\varrho^2}\{f'(t)\}^4}$$

und ihre Richtung bestimmt sich aus

$$(19) \qquad \tan\varphi = \frac{b_n}{b_t} = \frac{\{f'(t)\}^2}{\varrho\, f''(t)}\,.$$

Hierbei ist zu beachten, daß die Beschleunigung b nach der konkaven Seite der Bahnkurve gerichtet ist.

Ist z. B. die Bewegung eine gleichmäßig beschleunigte auf einem Kreise vom Radius r und der Kreisbogen $\overset{\frown}{OA} = u = u_0 + v_0(t - t_0) + \tfrac{1}{2}a(t - t_0)^2$, so folgt $v = v_0 + a(t - t_0)$, $\dfrac{dv}{dt} = a$ und damit

$$b = \sqrt{a^2 + \frac{1}{r^2}\{v_0 + a(t - t_0)\}^4}\,,$$

$$\tan\varphi = \frac{\{v_0 + a(t - t_0)\}^2}{a \cdot r}\,.$$

Fünftes Kapitel.

Geschwindigkeitspläne.

Das Gesetz, nach dem sich die Größe und die Richtung der Geschwindigkeit einer krummlinigen Bewegung ändern, läßt sich in verschiedener Weise zur Anschauung bringen. Eine der bekanntesten Schaulinien, die diesem Zwecke dienen, ist der Hodograph von Hamilton, der jedoch schon vorher von Möbius eingeführt wurde. Man erhält ihn, wenn man von einem beliebigen Punkte Q (s. Fig. 39 und 40) aus die Geschwindigkeit als Vektoren $\overline{QH} = \mathfrak{v}$ anträgt; die Endpunkte H bilden dann eine Kurve h, den Hodographen der Bewegung des Punktes. Der Punkt Q heißt der Pol des Hodographen. Aus dem Verlauf bzw. der Gestalt der Kurve h und ihrer Lage zum Pol Q ersieht man unmittelbar, wie sich die Geschwindigkeit nach Größe und Richtung ändert.

Eine der brauchbarsten Eigenschaften des Hodographen besteht in dem Satz, daß die totale Beschleunigung des bewegten

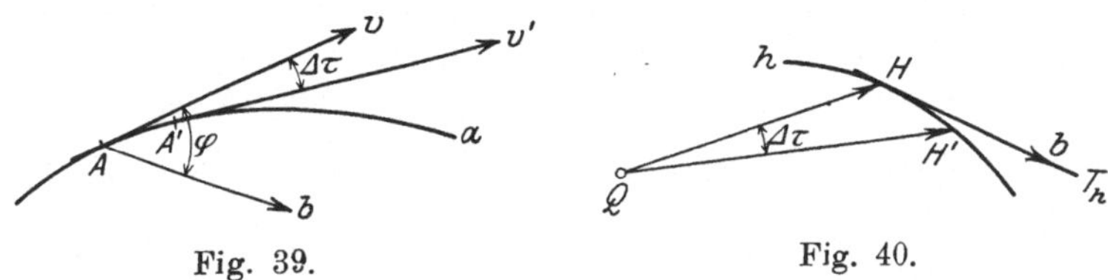

Fig. 39. Fig. 40.

Punktes der Tangente an die Hodographenkurve parallel ist. Um das zu beweisen, tragen wir in Q außer $\mathfrak{v} = \overline{QH}$ noch die Geschwindigkeit $\mathfrak{v}' = \overline{QH'}$ des unendlich benachbarten Punktes A' an, dann ist das Element der Kurve h

$$\overline{HH'} + \Delta\mathfrak{v},$$

also parallel und gleich dem vektoriellen Geschwindigkeitszuwachs des Punktes A (s. S. 33). Da nun $\Delta\mathfrak{v}$ die Richtung von b hat, andererseits aber $\overline{HH'}$ in der Tangente HT_h der Kurve h liegt, so ist der Satz erwiesen.

Beispiel: Wird ein schwerer Körper im luftleeren Raume von der Stelle A_0 aus (s. Fig. 41) mit der Geschwindigkeit v_0 unter dem Winkel τ_0 gegen die Horizontale nach aufwärts geworfen, so ist der Hodograph der Wurfbewegung eine vertikale Gerade. Denn da die Beschleunigung der Bewegung b die des freien Falles g ist, also an allen Stellen der Bahn lotrecht nach abwärts gerichtet, so muß nach dem eben bewiesenen Satze die Tangente an der Kurve h in allen Punkten H. ebenfalls immer lotrecht sein, was nur möglich ist, wenn h selbst

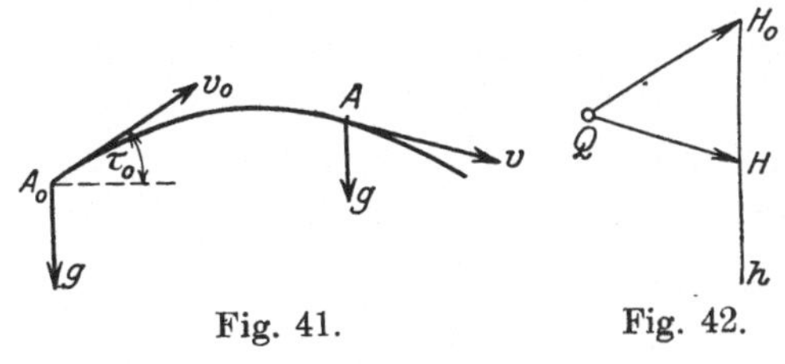

Fig. 41. Fig. 42.

eine lotrechte Gerade ist (s. Fig. 42), die durch den Punkt H_0 geht, falls $\overline{QH_0} = \mathfrak{v}_0$. Alle Geschwindigkeiten haben daher die gleiche horizontale Komponente, die dem Abstande des Poles Q von h entspricht.

Ist die Bewegung gleichförmig, so wird h eine auf einer Kugelfläche liegende Kurve und der Pol Q liegt im Kugelmittelpunkte. Beschreibt der Punkt eine Schraubenlinie gleichförmig, so geht der Hodograph in einen Kreis über und der Pol liegt in der Senkrechten zur Kreisebene im Mittelpunkte des Kreises; die Vektoren $\overline{QH}$ bilden sonach einen geraden Kreiskegel, dessen Spitze der Pol ist. Ist die Bahn eine ebene Kurve, so wird der Hodograph bei gleichförmiger Bewegung ein Kreis, in dessen Mittelpunkt der Pol liegt.

Aus gewissen Lagenbeziehungen des Poles zur Hodographenkurve lassen sich wertvolle Schlüsse auf den Bewegungsvorgang bzw. die Bahn des Punktes ziehen. Hier mögen die folgenden Sonderfälle angeführt werden:

1. Wird der Strahl $\overline{QH}$ zur Tangente an den Hodographen (s. Fig. 44), so fällt die totale Beschleunigung b der Richtung nach mit der Bahngeschwindigkeit zusammen, d. h. in die Bahntangente. Folglich muß in diesem Falle $b = b_t$ und $b_n = \dfrac{v^2}{\varrho} = 0$ sein. Da v von Null verschieden ist, so muß hiernach $\varrho = \infty$ werden, d. h. die Bahn muß an dieser Stelle einen Wendepunkt haben (s. Fig. 43). Das lehrt auch unmittelbar die Anschauung, wenn man beachtet,

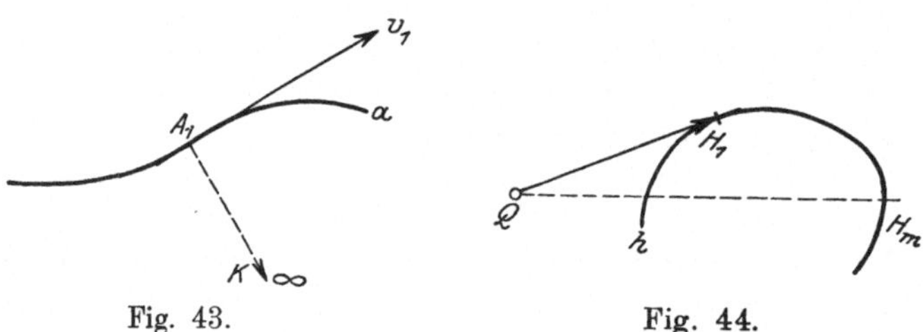

Fig. 43.   Fig. 44.

wie sich zufolge des Verlaufes der Hodographenkurve die Richtung der Geschwindigkeit und damit die der Bewegung des Punktes A ändert.

2. Steht $\overline{QH_m}$ senkrecht zu h, d. i. fällt $\overline{QH}$ mit einer Normalen QH_m von h zusammen, so bedeutet dies im allgemeinen, daß an dieser Stelle die Geschwindigkeit ein Maximum oder ein Minimum wird, wie wieder die Anschauung unmittelbar lehrt (s. Fig. 44). Da in diesem Falle die Hodographentangente senkrecht zu $\overline{QH_m}$, also zur Geschwindigkeitsrichtung ist, so fällt b in die Bahnnormale, also mit b_n zusammen; es folgt sonach $b_t = \dfrac{dv}{dt} = 0$, und diese Feststellung sagt, daß v einen extremen Wert annimmt.

3. Liegt der Pol Q auf der Hodographenkurve selbst, so wird $v = 0$; es kommt folglich der Punkt momentan zur Ruhe und es kehrt sich die Bewegungsrichtung um. Hierbei sind aber zwei verschiedene Fälle möglich. Entweder kehrt der Punkt auf seiner Bahn

um, etwa an der Stelle E (s. Fig. 45) auf seiner Bahn a, dann überzeugt man sich sofort, daß die Kurve h in der Umgebung des Poles Q den Verlauf haben muß, wie ihn Fig. 46 darstellt, d. h. daß h im Pol Q einen Wendepunkt hat. Es ist dann die Wendetangente QT_w im Punkte Q parallel zur Bahntangente ET an der Umkehrstelle E. Oder aber die Bahn hat an der Umkehrstelle einen Rück-

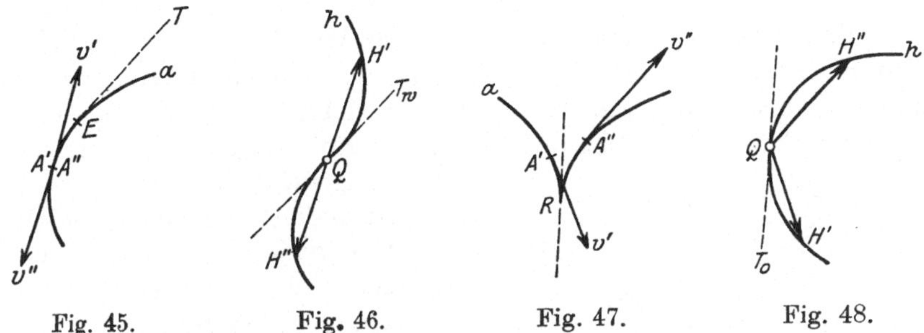

Fig. 45.   Fig. 46.   Fig. 47.   Fig. 48.

kehrpunkt R (s. Fig. 47), dann verläuft der Hodograph auf derselben Seite der Tangente QT_0 an den Hodographen im Pol Q, wie das Fig. 48 anschaulich macht. Die Tangente QT_0 ist notwendig parallel zur Rückkehrtangente der Bahn im Punkte R, wie aus dem Zusammenhang zwischen der Bewegung des Punktes A und dem Hodographen unmittelbar hervorgeht.

Beispiel: Rollt ein Kreis k (s. Fig. 49) auf einer Geraden g, so beschreibt bekanntlich jeder Punkt A auf dem Kreisumfang eine Orthozykloide und seine Geschwindigkeit ist durch die Beziehung $v = r \cdot \omega$ gegeben (wie später nachgewiesen wird), in der $r = \overline{PA}$ den Abstand des Punktes A von dem Berührungspunkt P bezeichnet und ω eine Konstante ist, falls sich der Kreismittelpunkt C gleichförmig mit

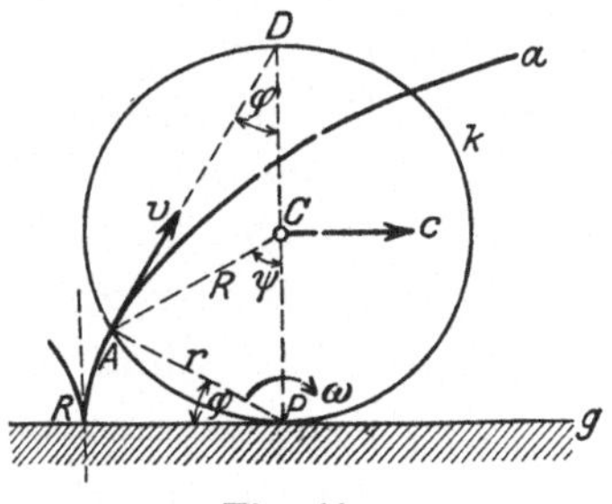

Fig. 49.

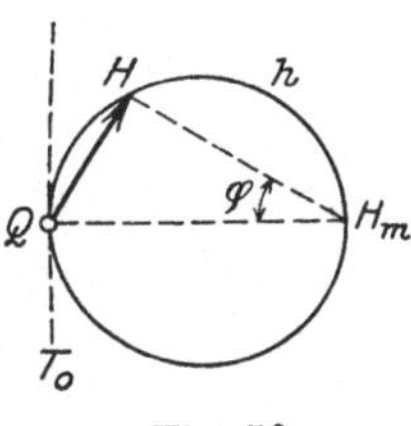

Fig. 50.

der Geschwindigkeit $c \, (= R \cdot \omega)$ bewegt. Ferner steht die Tangente an die Orthozykloide, also auch v senkrecht zu $\overline{AP}$. Aus Fig. 49 folgt aber unmittelbar $r = \overline{PA} = \overline{PD} \cdot \sin \varphi = 2\,R \sin \psi$, falls R den Radius des Kreises k bezeichnet, und da $2\,R \cdot \omega = v_m$ die Geschwindigkeit des Punktes D ist, so erhält man

$$v = r \cdot \omega = 2\,R \cdot \omega \cdot \sin \varphi = v_m \cdot \sin \varphi\,.$$

Der Hodograph der Bewegung des Punktes A wird folglich ein Kreis h (s. Fig. 50, S. 43), dessen Durchmesser QH_m die Geschwindigkeit v_m darstellt; denn da $v = \overline{QH} = \overline{QH_m} \cdot \sin \varphi$, so ist diese Gleichung die Polargleichung eines Kreises, der durch Q geht und $\overline{QH_m}$ zum Durchmesser hat. Der Rückkehrpunkt R der Bahn fällt hierbei auf die Gerade g und liegt dort, wo der Punkt A augenblicklich zum Berührungspunkt des Kreises mit der Geraden wird.

Einen Geschwindigkeitsplan anderer Art, der besonders bei den Untersuchungen der Bewegungsvorgänge an ebenen Mechanismen mit Vorteil Verwendung findet, erhält man durch Übertragung des Geschwindigkeits-Wege-Schaubildes (vgl. S. 22) der geradlinigen Bewegung auf die krummlinige. Das ist in folgender Weise möglich. Wir tragen die Geschwindigkeit v des Punktes A, der die krummlinige Bahn a beschreibt (s. Fig. 51), nach irgendeinem Maßstabe senkrecht zur Bahn auf, und zwar sei $\overline{AB} = v$ der die Geschwindigkeit darstellende um 90^{0} gedrehte Vektor. Wiederholen wir das in allen Lagen von A, so ist der geometrische Ort der Vektorendpunkte B die Kurve ε, welche das gesuchte Geschwindigkeits-Wege-Schaubild darstellt. Dieses ermöglicht nun eine ähnliche, verhältnismäßig einfache geometrische Konstruktion der Beschleunigung des Punktes A, wie sie auf S. 23, Fig. 20 mitgeteilt wurde. Um sie abzuleiten, tragen wir in dem zu A unendlich benachbarten Punkte A' den v' entsprechenden Geschwindigkeitsvektor $\overline{A'B'}$ auf, dann liegt das Element $\overline{BB'}$ der Schaulinie ε in der Tangente BT_ε der Kurve ε. Ziehen wir durch B eine Parallele zur Bahntangente, welche $\overline{A'B'}$ in J schneidet, so ist $\overline{JB'}$ $= dv$ die Größenzunahme der Geschwindigkeit v in der Zeit dt. Aus dem Dreieck BJB' folgt nun, wenn wir $\overline{BJ} = dw$ und $\overline{AA'} = du$ setzen, zunächst

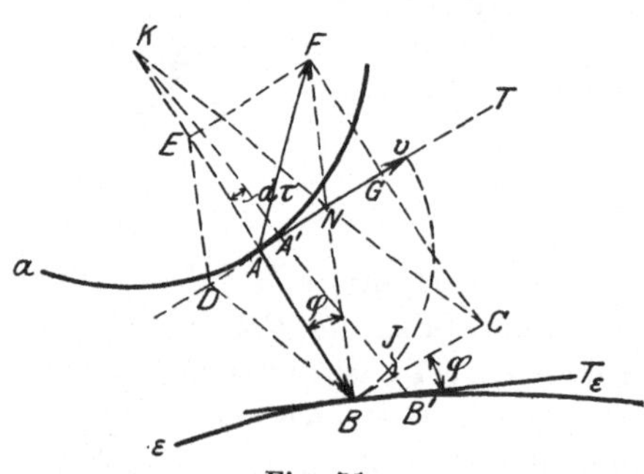

Fig. 51.

$$\tan \varphi = \frac{dv}{dw},$$

falls φ den Winkel $B'BJ$ bezeichnet. Es schneiden sich aber die beiden benachbarten Bahnnormalen BA und $B'A'$ im Krümmungsmittelpunkt K der Bahn a, und so findet sich aus der Ähnlichkeit der Dreiecke KBJ und KAA'

$$dw = \overline{BJ} = \overline{AA'} \cdot \frac{\overline{KB}}{\overline{KA}} = du \cdot \frac{\varrho + \mathfrak{v}}{\varrho},$$

falls $\overline{KA} = \varrho$ den Krümmungsradius von a im Punkte A bezeichnet. Andererseits ist die Tangentialbeschleunigung

$$b_t = \frac{dv}{dt} = v \cdot \frac{dv}{du} = v \cdot \frac{dw \cdot \tan\varphi}{du} = v \cdot \frac{\varrho + \mathfrak{v}}{\varrho} \cdot \tan\varphi = \frac{\overline{KB}}{\overline{KA}} \cdot \overline{AB} \cdot \tan\varphi.$$

Ziehen wir die Normale zur Kurve ε in B und schneidet diese die Bahntangente in N, so wird

$$\overline{AN} = \overline{AB} \cdot \tan\varphi,$$

folglich

$$\mathfrak{b}_t = \frac{\overline{KB}}{\overline{KA}} \cdot \overline{AN},$$

wenn wir also die Gerade KN bis zum Schnittpunkt C mit der Parallelen zur Bahntangente in B verlängern, so stellt, weil $\triangle KAN \sim \triangle KBC$ und daher

$$\overline{BC} = \frac{\overline{KB}}{\overline{KA}} \cdot \overline{AN},$$

die Strecke $\overline{BC}$ die Tangentialbeschleunigung b_t dar, d. h. es ist

$$\mathfrak{b}_t = \overline{BC}.$$

Die Konstruktion von $\mathfrak{b}_t$ ist also einfach die, daß wir die Normale zu ε in B errichten und deren Schnittpunkt N mit der Bahntangente AT mit dem Krümmungsmittelpunkt K der Bahn a verbinden; letztere Gerade schneidet die Parallele zur Bahntangente in B im Endpunkt C des Beschleunigungsvektors $\mathfrak{b}_t = \overline{BC}$.

Auch die Zentripetalbeschleunigung b_n läßt sich zeichnerisch leicht finden, und zwar unabhängig von ε. Man ziehe $BD \parallel NK$ und $DE \parallel BN$ (wobei der Punkt N willkürlich gewählt werden könnte), dann folgt aus der Ähnlichkeit der Dreiecke AKN und ABD zunächst $\overline{AB} : \overline{AK} = \overline{AD} : \overline{AN}$, ferner aus der der Dreiecke AED und ABN

$$\overline{AD} : \overline{AN} = \overline{AE} : \overline{AB},$$

sonach

$$\overline{AE} = \frac{\overline{AB}^2}{\overline{AK}},$$

und weil $\overline{AB} \mathrel{\widehat{=}} v$, $\quad \overline{AK} = \varrho$,

$$\overline{AE} \mathrel{\widehat{=}} \frac{v^2}{\varrho} = b_n.$$

Zieht man $CF \| AB$ und $EF \| AG$, so hat man, weil $\overline{AG} + \overline{BC}$, in der Strecke $\overline{AF}$ als Diagonalen des Beschleunigungsparallelogrammes $AEFG$ die Darstellung der totalen Beschleunigung $b = b_t \widehat{+} b_n$.

Es ist leicht zu erkennen, daß die drei Punkte B, N und F in einer Geraden liegen, denn da $\overline{EF} + \overline{BC} \triangleq b_t$, $\overline{AE} \triangleq b_n$ und sonach $\overline{BE} = v + b_n = v + \dfrac{v^2}{\varrho} = \dfrac{v}{\varrho}(\varrho + v)$, so wird

$$\frac{\overline{EF}}{\overline{BE}} = \frac{b_t}{\dfrac{v}{\varrho}(\varrho + v)} = \tan \varphi,$$

also Winkel $EBF = \varphi$; andererseits ist aber auch $\angle ABN = \varphi$, woraus hervorgeht, daß diese drei Punkte B, N und F einer Geraden angehören. Dieser Umstand ist von Wert in den Fällen, in welchen K nicht als bekannt angesehen werden kann, denn es läßt sich F auch als Schnittpunkt der Normalen BN der Kurve ε mit der die totale Beschleunigung b enthaltenden Geraden AF finden. Nun hat die Tangente an den Hodographen die Eigenschaft, der totalen Beschleunigung b parallel zu sein; wenn also weder K noch die Richtung von b bekannt sind, so zeichne man noch den Hodographen und erhält dann im Schnittpunkt der Normalen zur Kurve ε und der Parallelen zur Hodographentangente durch A den Endpunkt F des b darstellenden Vektors. Zu beachten ist hierbei, daß durch den Zeichnungs- und den Geschwindigkeitsmaßstab auch der Maßstab für die Beschleunigungen völlig bestimmt wird.

Beispiel: In dem Gelenkviereck $K_1 A_1 A_2 K_2$ (s. Fig. 52) bewege sich A_1 gleichförmig auf seiner Kreisbahn, dann erhält man nach einem Verfahren, das später mitgeteilt wird, in sehr einfacher Weise das Geschwindigkeits-Wege-Schaubild ε_2 des Punktes A_2, der als Endpunkt der Kurbel $\overline{K_2 A_2}$ auf seiner

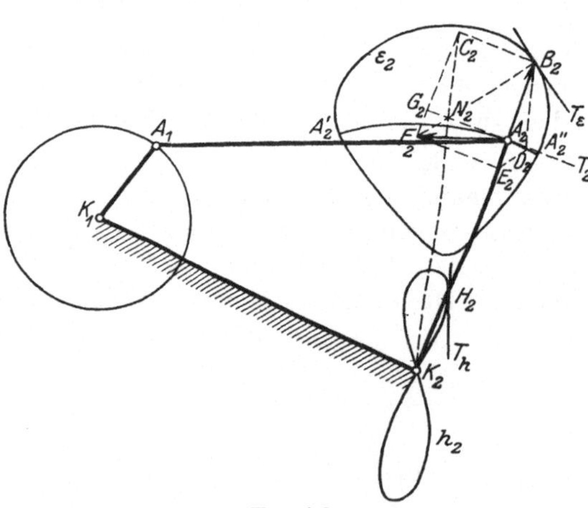

Fig. 52.

Kreisbahn eine zwischen den Grenzen A_2' und A_2'' schwingende Bewegung ausführt. Da in diesem Falle K_2 gegeben ist, so verfährt man zur Ermittlung des Endpunktes F_2 des Beschleunigungsvektors b_2 am einfachsten in der Weise, daß man die Normale $B_2 N_2$ der Schaulinie ε_2 zeichnet, dann, wie vorher angegeben, E_2 konstruiert und den Schnittpunkt F_2 der Parallelen zur Bahntangente durch E_2 mit der Normalen $B_2 N_2$ aufsucht.

Den Hodograph der Bewegung des Punktes A_2 zeichnet man hier zweckmäßig um 90^0 gedreht, indem man die Vektoren $\mathfrak{v}_2$ in K_2 senkrecht zur Kreisbahn anträgt, also $\mathfrak{v}_2 = \overline{A_2 B_2} = \overline{K_2 H_2}$ macht. Alle Punkte H_2 liegen dann auf dem um 90^0 gedrehten Hodographen h_2. Dieser hat im Pol K_2 nicht nur einen Doppelpunkt, sondern auch zwei Wendestellen, wie nach dem Vorhergehenden zu erwarten war. Die Beschleunigung $\mathfrak{b}_2 = \overline{A_2 F_2}$ steht natürlich hier senkrecht zur Tangente $H_2 T_h$ an die Hodographenkurve.

Sechstes Kapitel.

Darstellung der Bewegung eines Punktes in rechtwinkligen Punktkoordinaten.

Die Aufgaben der Dynamik kommen meist darauf hinaus, die Koordinaten der Punkte, deren Bewegungen man sucht, als Funktionen der Zeit darzustellen. Hat man diesen Teil der Aufgaben gelöst, so bedarf es nur noch der Ermittlung des Verlaufes der Bewegungen, also der der Bahnen, der Geschwindigkeiten und ihrer Änderung nach Größe und Richtung, und in einzelnen Fällen auch der Beschleunigungen und ihrer Änderung. Die vorausgegangenen Untersuchungen setzen uns in den Stand, diesen letzteren Teil der Aufgaben zunächst für das Koordinatensystem durchzuführen, das wohl am häufigsten angewendet wird, nämlich für das rechtwinklige Punktkoordinatensystem. Hierbei möge aus Gründen der Zweckmäßigkeit und Übersichtlichkeit zwischen ebenen und räumlich gekrümmten Bahnkurven unterschieden und zuerst der Fall ebener Bahnen behandelt werden, weil hier zwei Koordinaten zur Darstellung der Bewegung ausreichen.

Wir gehen von der Voraussetzung aus, daß die Koordinaten des Punktes A (s. Fig. 53) in bezug auf ein willkürlich gewähltes Koordinatensystem XY als eindeutige Funktionen der Zeit gegeben seien, also

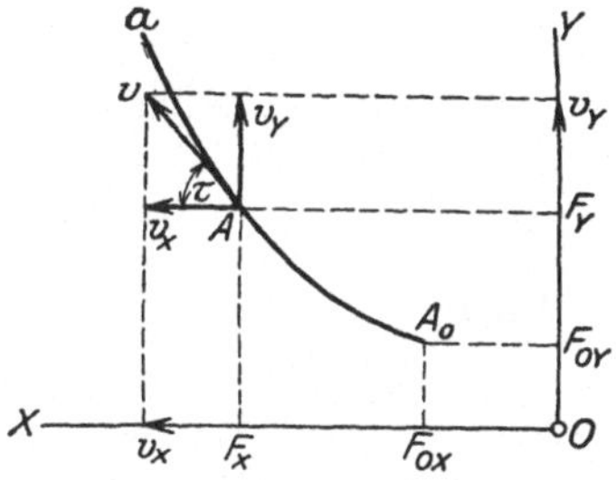

$$(20) \quad \begin{cases} \overline{O\,F_x} = x = f_x(t), \\ \overline{O\,F_y} = y = f_y(t). \end{cases}$$

Fig. 53.

Diese beiden Beziehungen bestimmen die Seitenbewegungen des Punktes A auf den Koordinatenachsen; die Aufgabe, welche zu lösen ist, besteht sonach in der Zusammensetzung dieser beiden Seitenbewegungen zu einer resultierenden Bewegung, und diese ist schon auf S. 28 u. f. in allgemeinerer Form behandelt worden.

So erhalten wir zunächst die Gleichung der Bahn durch Elimination der Zeit t aus den beiden Gleichungen (20), denn jeder Lage des Punktes A entspricht in beiden Ausdrücken für x und y derselbe Wert von t; die Bahngleichung stellt sonach den durch t vermittelten Zusammenhang zwischen x und y dar.

Die Geschwindigkeiten der Seitenbewegungen werden nach dem auf S. 29 mitgeteilten

$$(21) \qquad v_x = \frac{dx}{dt} = f_x'(t), \qquad v_y = \frac{dy}{dt} = f_y'(t),$$

also eindeutig bestimmte Funktionen der Zeit. Setzen wir diese mittels des Parallelogrammes der Geschwindigkeiten, das hier ein Rechteck wird, zur resultierenden Geschwindigkeit v zusammen (s. Fig. 54), so erhält man aus den beiden Beziehungen

$$(22) \qquad v_x = v \cdot \cos\alpha_x = v\cos\tau, \qquad v_y = v \cdot \cos\alpha_y = v \cdot \sin\alpha_x = v\sin\tau,$$

in denen $\alpha_x = \tau$ den Winkel bezeichnet, den v mit der positiven X-Achse einschließt, sofort

$$(23) \qquad v = \sqrt{v_x{}^2 + v_y{}^2} = \sqrt{\{f_x'(t)\}^2 + \{f_y'(t)\}^2}$$

und die Richtung von v durch

$$(24) \qquad \begin{cases} \cos\tau = \dfrac{v_x}{v} = \dfrac{f_x'(t)}{\sqrt{\{f_x'(t)\}^2 + \{f_y'(t)\}^2}}, \\[3mm] \sin\tau = \dfrac{v_y}{v} = \dfrac{f_y'(t)}{\sqrt{\{f_x'(t)\}^2 + \{f_y'(t)\}^2}}. \end{cases}$$

Die Vorzeichen von $\cos\tau$ und $\sin\tau$ zusammen entscheiden, welche Richtung der Vektor v hat, wobei zu beachten, daß die Wurzel in (23) ohne Vorzeichen zu nehmen ist, bzw. nur den Absolutwert von v bestimmt. Damit ist die Größe und Richtung der Geschwindigkeit v für jeden Zeitwert gefunden.

Die Ausdrücke (21) eignen sich auch zur Ermittlung des Hodographen der Bewegung, indem man v_x und v_y nach einem willkürlichen Maßstabe durch Strecken darstellt und diese als Koordinaten des Endpunktes H des Vektors v auffaßt. In Fig. 54 ist dann A durch den Pol Q ersetzt zu denken und die Achsen des Koordinatensystems, auf das die Gleichung der Hodographenkurve h sich bezieht, sind denen des Koordinatensystems in Fig. 53 parallel. Die

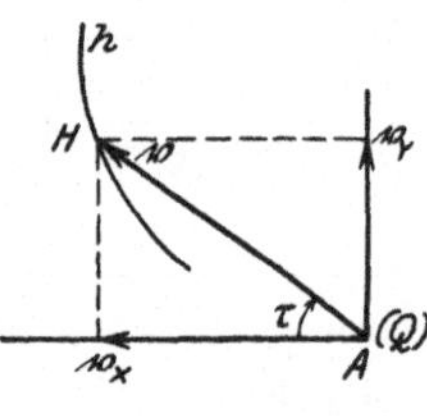

Fig. 54.

natensystems, auf das die Gleichung der Hodographenkurve h sich bezieht, sind denen des Koordinatensystems in Fig. 53 parallel. Die

Gleichung der Hodographenkurve in den Koordinaten v_x, v_y erhält man dann einfach durch Elimination der Zeit aus den Gleichungen (21).

In ganz ähnlicher Weise findet man die Beschleunigung b des Punktes A aus den Seitenbeschleunigungen b_x und b_y der Punkte F_x und F_y. Man erhält zunächst

$$(25) \qquad b_x = \frac{dv_x}{dt} = \frac{d^2x}{dt^2} = f_x''(t), \qquad b_y = \frac{dv_y}{dt} = \frac{d^2y}{dt^2} = f_y''(t),$$

und, wenn β den Winkel des Beschleunigungsvektors b mit der positiven X-Achse bezeichnet, aus dem Parallelogramm der Beschleunigungen (s. Fig. 55)

$$(26) \qquad b_x = b \cdot \cos\beta, \quad b_y = b \cdot \sin\beta.$$

Hieraus findet man

$$(27) \quad b = \sqrt{b_x^2 + b_y^2}, \qquad \cos\beta = \frac{b_x}{b}, \qquad \sin\beta = \frac{b_y}{b},$$

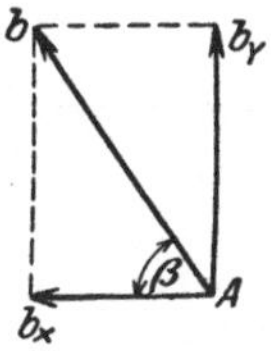

wobei zu beachten, daß die Wurzel ohne Vorzeichen zu nehmen ist. Die Ausdrücke (27) bestimmen Größe und Richtung der totalen Beschleunigung b vollständig und eindeutig.

Fig. 55.

Beispiel: Es sei

$$x = f_x(t) = C_0 + C \cdot e^{kt}, \qquad y = f_y(t) = B_0 + B \cdot e^{-kt},$$

worin C_0, C, B_0, B und k Konstanten bezeichnen, dann erhält man durch Elimination von t bzw. e^{kt} aus beiden Ausdrücken

$$(x - C_0)(y - B_0) = C \cdot B.$$

Diese Gleichung stellt bekanntlich eine gleichseitige Hyperbel dar (s. Fig. 56), deren Asymptoten Parallelen zu den Achsen in den Abständen C_0 bzw. B_0 sind, deren Mittelpunkt O_0 folglich die Koordinaten $x_0 = C_0$, $y_0 = B_0$ hat. Die Anfangslage A_0 des bewegten Punktes wird durch die Koordinaten

$$x_0 = C_0 + C \cdot e^{kt_0}, \qquad y_0 = B_0 + B \cdot e^{-kt_0}$$

bestimmt, die der Anfangszeit t_0 entsprechen; letztere kann gleich 0 gewählt werden.

Die Seitengeschwindigkeiten werden

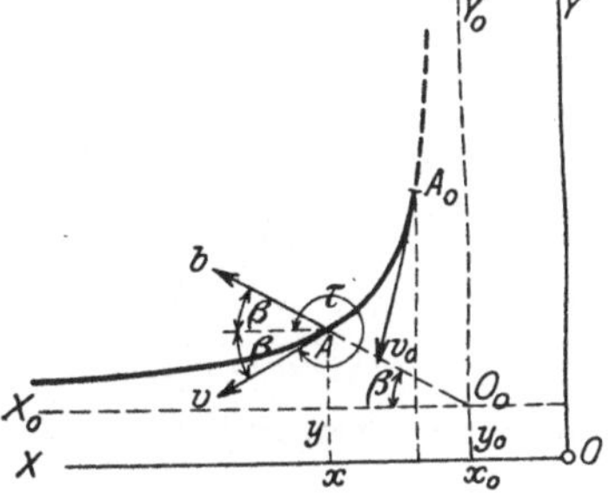

Fig. 56.

$$v_x = \frac{dx}{dt} = kC \cdot e^{kt}, \qquad v_y = -kB \cdot e^{-kt},$$

womit

$$v = k\sqrt{C^2 e^{2kt} + B^2 e^{-2kt}}$$

und

$$\cos\tau = kC \cdot \frac{e^{kt}}{v}, \qquad \sin\tau = -kB \cdot \frac{e^{-kt}}{v}$$

gefunden wird. Bezeichnet β den kleinsten Winkel, der dem Ausdruck für $\cos\tau$ sich zuordnet, so wird $\tau = 2\pi - \beta$, also ein Winkel zwischen $\tfrac{3}{2}\pi$ und 2π. Recht einfach wird das Änderungsgesetz der Geschwindigkeit, wenn man letztere als Funktion des Ortes, also der Koordinaten darstellt. Man erhält sofort

$$v_x = k(x - C_0), \qquad v_y = -k(y - B_0)$$

und folglich

$$v = k\sqrt{(x - C_0)^2 + (y - B_0)^2} = k \cdot \overline{O_0 A}.$$

Hieraus ersieht man, daß sich v proportional dem Fahrstrahl $\overline{O_0 A}$ ändert, der den Punkt A mit dem Hyperbelmittelpunkt O_0 verbindet. Bezeichnet β den Winkel, den der Strahl $O_0 A$ mit der positiven X-Achse einschließt, und beachtet man, daß

$$\tan\beta = \frac{y - B_0}{x - C_0},$$

andererseits aber

$$\tan\tau = \frac{v_y}{v_x} = -\frac{y - B_0}{x - C_0}$$

wird, so erkennt man, daß v den Winkel $-\beta$ mit der positiven X-Achse bildet. Bezeichnen v_{0x} und v_{0y} die Komponenten der Anfangsgeschwindigkeit v_0, so erkennt man aus den Ausdrücken

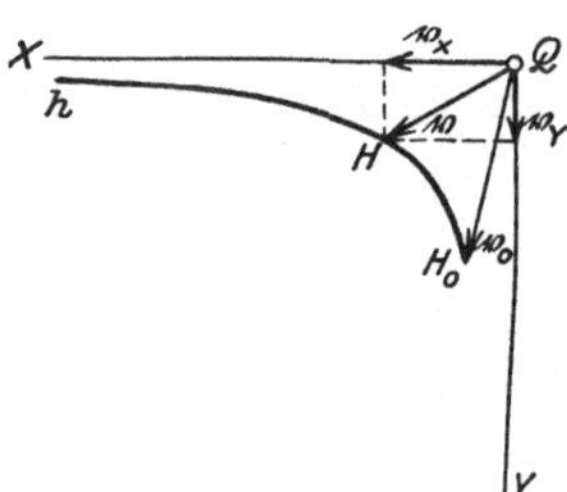

Fig. 57.

$$v_{0x} = kC \cdot e^{kt_0}, \qquad v_{0y} = -kB e^{-kt_0}$$

für sie, welcher Zusammenhang zwischen Größe und Richtung der Anfangsgeschwindigkeit v_0 einerseits und den beiden Konstanten B und C andererseits besteht.

Die Gleichung des Hodographen h erhält man durch Elimination der Zeit aus den Ausdrücken für v_x und v_y in der Gestalt

$$v_x \cdot v_y = k^2 \cdot BC.$$

Sie stellt sonach ebenfalls eine gleichseitige Hyperbel dar (s. Fig. 57), die der Bahn ähnlich, aber symmetrisch gelegen ist.

Die Beschleunigungskomponenten endlich ergeben sich zu

$$b_x = \frac{dv_x}{dt} = k^2 C e^{kt} = k^2(x - C), \qquad b_y = \frac{dv_y}{dt} = k^2 B e^{-kt} = k^2(y - B);$$

folglich wird

$$b = k^2\sqrt{C^2 e^{2kt} + B^2 e^{-2kt}} = k^2 \cdot \sqrt{(x - C)^2 + (y - B)^2} = k^2 \cdot \overline{O_0 A},$$

d. h. es ist b proportional der Strecke $\overline{O_0 A}$ und hat, weil

$$\tan\beta = \frac{b_y}{b_x} = \frac{y - B}{x - C},$$

die Richtung dieser Strecke.

Da der Winkel zwischen b und v gleich 2β ist, so wird die Tangentialbeschleunigung

$$b_t = b \cdot \cos 2\beta = k^2 \cdot \overline{O_0 A} \cdot \cos 2\beta$$

und die Zentripetalbeschleunigung

$$b_n = b \cdot \sin 2\beta = k^2 \cdot \overline{O_0 A} \cdot \sin 2\beta;$$

beide sind folglich zeichnerisch leicht zu ermitteln.

Im Anschluß an die Ausdrücke (25) mag hier noch eine andere Ableitung der Formeln (V) und (VI) gegeben werden, die sich lediglich auf die Zerlegung von v in die Komponenten $v_x = v \cdot \cos\tau$, $v_y = v \cdot \sin\tau$ stützt. Es ist nach (25)

$$b_x = \frac{dv_x}{dt} = \frac{d(v\cos\tau)}{dt} = \frac{dv}{dt}\cdot\cos\tau - v\cdot\sin\tau\cdot\frac{d\tau}{dt},$$

$$b_y = \frac{dv_y}{dt} = \frac{d(v\sin\tau)}{dt} = \frac{dv}{dt}\cdot\sin\tau + v\cdot\cos\tau\cdot\frac{d\tau}{dt}.$$

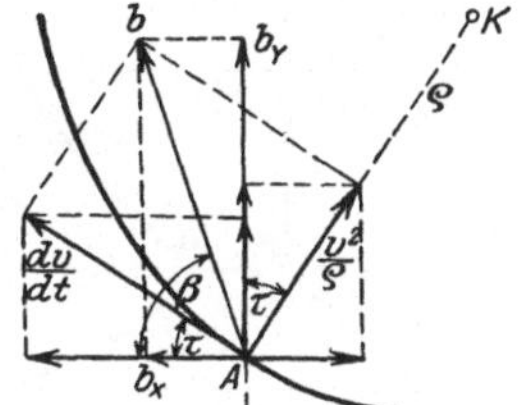

Fig. 58

Zerlegt man nun b_x und b_y in Komponenten in Richtung der Bahntangente und -normalen, so findet sich (s. Fig. 58) für erstere

$$b_t = b_x\cos\tau + b_y\sin\tau = \left\{\frac{dv}{dt}\cos\tau - v\frac{d\tau}{dt}\cdot\sin\tau\right\}\cos\tau$$

$$+ \left\{\frac{dv}{dt}\sin\tau + v\frac{d\tau}{dt}\cos\tau\right\}\sin\tau = \frac{dv}{dt}$$

und für letztere

$$b_n = b_y\cos\tau - b_x\sin\tau = \left\{\frac{dv}{dt}\sin\tau + v\frac{d\tau}{dt}\cos\tau\right\}\cos\tau$$

$$- \left\{\frac{dv}{dt}\cos\tau - v\frac{d\tau}{dt}\sin\tau\right\}\sin\tau = v\frac{d\tau}{dt};$$

das sind aber die früher abgeleiteten Ausdrücke für b_t und b_n.

Ist die Bahnkurve eine räumlich gekrümmte, so beziehen wir die Bewegung des Punktes A auf ein räumliches rechtwinkliges Koordinatensystem durch die Punktkoordinaten x, y, z und setzen voraus, daß uns letztere als eindeutige Funktionen der Zeit gegeben seien. Die Gleichungen

$$(28) \qquad x = f_x(t), \qquad y = f_y(t), \qquad z = f_z(t)$$

stellen die projizierten Bewegungen des Punktes auf den drei Koordinatenachsen dar, welche die Lotfußpunkte F_x, F_y, F_z (s. Fig. 59) ausführen.

Eliminiert man die Zeit t aus je zweien der drei Gleichungen (28), so erhält man drei Gleichungen zwischen je zwei Koordinaten des Punktes, von denen jedoch nur zwei voneinander unabhängig und nötig sind; sie stellen die Gleichungen der Bahn des Punktes bzw. der Projektionen der Bahn auf die Koordinatenebenen dar. Wird z. B. die Zeit aus den beiden ersten Gleichungen eliminiert, so ergibt sich eine Gleichung zwischen x und y, welche die Projektion der Bahnkurve in der XY-Ebene darstellt.

4*

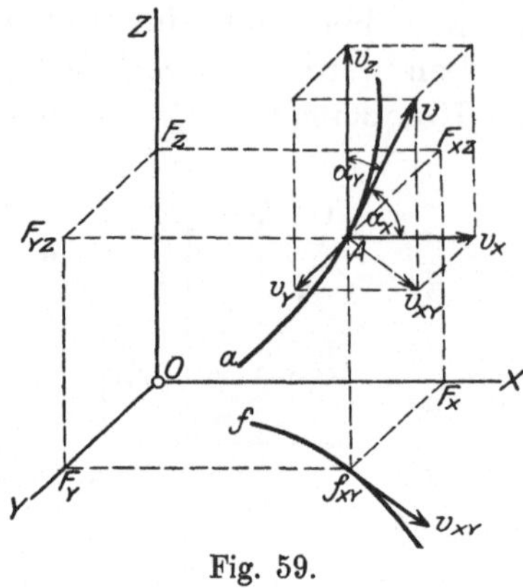

Fig. 59.

Die Geschwindigkeiten der Seitenbewegungen ergeben sich nach S. 32 zu

$$(29)\quad\begin{cases} v_x = \dfrac{dx}{dt} = f_x'(t),\\[2mm] v_y = \dfrac{dy}{dt} = f_y'(t),\\[2mm] v_z = \dfrac{dz}{dt} = f_z'(t),\end{cases}$$

aus denen man mittels der aus dem Geschwindigkeitsparallelepiped (s. Fig. 59) hervorgehenden Beziehungen

$$(30)\qquad v_x = v\cdot\cos\alpha_x,\qquad v_y = v\cdot\cos\alpha_y,\qquad v_z = v\cdot\cos\alpha_z$$

Größe und Richtung der Geschwindigkeit v des Punktes A unmittelbar bestimmen kann. Man erhält zunächst unter Benutzung der bekannten Beziehung

$$\cos^2\alpha_x + \cos^2\alpha_y + \cos^2\alpha_z = 1$$

$$(31)\qquad v = \sqrt{v_x{}^2 + v_y{}^2 + v_z{}^2};$$

hierin sind die Ausdrücke (29) einzusetzen, um v als Funktion der Zeit zu erhalten. Die Richtung von v bestimmt sich eindeutig durch die Winkel α_x, α_y, α_z, die der Vektor v mit den positiven Koordinatenachsen einschließt, denn sie liegen zwischen 0 und π und lassen sich sonach eindeutig aus den Ausdrücken

$$(31\,a)\qquad \cos\alpha_x = \frac{v_x}{v},\qquad \cos\alpha_y = \frac{v_y}{v},\qquad \cos\alpha_z = \frac{v_z}{v}$$

ermitteln, wenn man beachtet, daß v ohne Vorzeichen ist. Die Gleichungen des Hodographen erhält man wie in der Ebene durch Elimination der Zeit aus je zweien der drei Gleichungen (29), indem man die Vektoren v_x, v_y, v_z als rechtwinklige Punktkoordinaten des Vektorendpunktes H auffaßt.

In ganz gleichartiger Weise findet man Größe und Richtung der Beschleunigung b des Punktes A. Man erhält zunächst die Seitenbeschleunigungen

$$(32)\quad b_x = \frac{d^2x}{dt^2} = f_x''(t),\qquad b_y = \frac{d^2y}{dt^2} = f_y''(t),\qquad b_z = \frac{d^2z}{dt^2} = f_z''(t),$$

und aus dem Parallelepiped der Beschleunigungen

$$(33)\qquad b_x = b\cos\beta_x,\qquad b_y = b\cos\beta_y,\qquad b_z = b\cos\beta_z,$$

falls β_x, β_y, β_z die zwischen 0 und π liegenden Winkel bezeichnen, die der Vektor b mit den positiven Koordinatenachsen bildet. Aus letzteren Gleichungen folgt

$$(34) \qquad b = \sqrt{b_x{}^2 + b_y{}^2 + b_z{}^2}\,,$$

$$(34\,\mathrm{a}) \qquad \cos\beta_x = \frac{b_x}{b}\,, \qquad \cos\beta_y = \frac{b_y}{b}\,, \qquad \cos\beta_z = \frac{b_z}{b}\,;$$

in diesen Ausdrücken sind die b_x, b_y, b_z nach (32) als Funktionen der Zeit einzusetzen und die Wurzel ist ohne Vorzeichen zu nehmen, um Größe und Richtung von b eindeutig zu bestimmen.

Beispiel. Die Seitenbewegungen der räumlichen Bewegung eines Punktes seien gegeben durch die Gleichungen

$$x = f_x\,(t) = a\cos\,(k\,t)\,,$$
$$y = f_y\,(t) = a\sin\,(k\,t)\,,$$
$$z = f_z\,(t) = z_0 + c\cdot t\,;$$

in diesen sollen a, z_0, c und k Konstanten bedeuten. Aus den beiden ersten Gleichungen folgt

$$x^2 + y^2 = a^2\,,$$

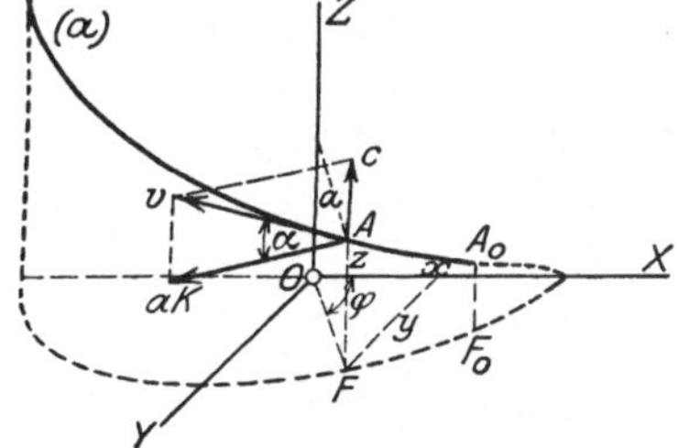

Fig. 60.

woraus hervorgeht, daß die Projektion der Bahn auf die XY-Ebene ein Kreis vom Radius a ist, dessen Mittelpunkt im Koordinatenanfang O liegt (s. Fig. 60). Die Bahn ist sonach eine Raumkurve auf dem Kreiszylinder, dessen Achse in die Z-Achse fällt. Denken wir uns die Zylinderfläche in eine Ebene abgewickelt, so bildet die Bahn eine Gerade, denn es ist, falls $\angle FOX = \varphi$ gesetzt wird,

$$\tan\varphi = \frac{y}{x} = \tan(k\,t)\,,$$

sonach

$$\varphi = k\,t$$

und

$$\mathrm{arc}\,(F_0\,F) = a\,(\varphi - \varphi_0) = a\,k\,(t - t_0)\,;$$

da auch $z - z_0 = c\cdot t$ der Zeit proportional sich ändert, also die Beziehung

$$z - z_0 = c\cdot\frac{a\,(\varphi - \varphi_0)}{a\cdot k} = \frac{c}{a\,k}\cdot\widehat{F_0\,F}$$

besteht, so ist die Behauptung erwiesen. Die Bahn selbst ist folglich eine Schraubenlinie, deren Steigungswinkel α aus

$$\tan\alpha = \frac{z - z_0}{a\,(\varphi - \varphi_0)} = \frac{c}{a\,k}$$

hervorgeht.

Die Seitengeschwindigkeiten werden

$$v_x = \frac{dx}{dt} = -k\,a\sin(k\,t) = -k\,y\,; \qquad v_y = \frac{dy}{dt} = k\,a\cos(k\,t) = k\,x\,; \qquad v_z = \frac{dz}{dt} = c\,.$$

Daraus folgt

$$v = \sqrt{k^2\,(x^2 + y^2) + c^2} = \sqrt{(k\,a)^2 + c^2}\,;$$

die Bewegung des Punktes A auf der Schraubenlinie ist sonach gleichförmig. Auch der Fußpunkt F durchläuft seine Kreisbahn gleichförmig, und zwar mit der Geschwindigkeit $\sqrt{v_x{}^2 + v_y{}^2} = k \cdot a$; letztere ist die zur XY-Ebene parallele

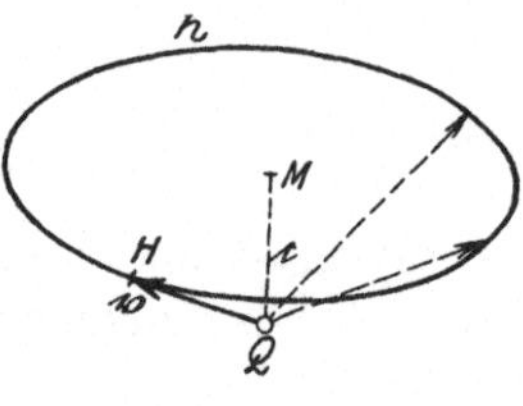

Fig. 61.

Komponente von v (s. Fig. 60), wie aus dem Geschwindigkeitsparallelogramm hervorgeht. Zugleich erkennt man, daß der Hodograph h (s. Fig. 61) ein Kreis vom Radius $k\,a$ ist, dessen Mittelpunkt M um c vertikal über dem Pol Q liegt; die Mittellinien der Kegelfläche, die von den Vektoren $\overline{QH}$ gebildet wird, stellen die Geschwindigkeit v in den einzelnen Lagen des Punktes A dar.

Die Beschleunigung b endlich findet sich aus den Seitenbeschleunigungen

$$b_x = \frac{d^2 x}{dt^2} = - k^2 a \cos(k\,t) = - k^2 \cdot x; \qquad b_y = \frac{d^2 y}{dt^2} = - k^2 a \sin(k\,t) = - k^2 \cdot y;$$

$$b_z = \frac{d^2 z}{dt^2} = 0;$$

es wird sonach

$$b = \sqrt{b_x{}^2 + b_y{}^2 + b_z{}^2} = k^2 \sqrt{x^2 + y^2} = k^2 \cdot a,$$

und folglich

$$\cos\beta_x = \frac{b_x}{b} = - \frac{x}{a}; \qquad \cos\beta_y = \frac{b_y}{b} = - \frac{y}{a}; \qquad \cos\beta_z = \frac{b_z}{b} = 0.$$

Hieraus geht hervor, daß die totale Beschleunigung konstant und senkrecht zur Zylinderachse nach innen gerichtet ist, denn es muß $\beta_z = \dfrac{\pi}{2}$ sein, und ferner ist $\beta_x = \pi - \varphi$ und $\beta_y = \dfrac{\pi}{2} + \varphi$. Die Tangentialbeschleunigung b_t ist Null, weil die Bewegung gleichförmig erfolgt; es fällt sonach b mit $b_n = \dfrac{v^2}{\varrho}$ zusammen. Daraus ließe sich der Krümmungsradius ϱ der Schraubenlinie berechnen, und zwar findet sich aus der Gleichung

$$b = b_n = a\,k^2 = \frac{v^2}{\varrho} = \frac{a^2 k^2 + c^2}{\varrho}$$

$$\varrho = \frac{a^2 k^2 + c^2}{a\,k^2} = a + a \left(\frac{c}{a\,k}\right)^2 = a\,(1 + \tan^2\alpha) = \frac{a}{\cos^2\alpha};$$

dieser Ausdruck, der zeigt, daß $\varrho > a$, läßt sich leicht zeichnerisch verwerten.

Auf die schiefwinkligen Koordinatensysteme einzugehen, liegt keine Veranlassung vor; denn abgesehen davon, daß das Wesentliche ihrer Verwendung in der Darstellung der Bewegungen schon im dritten Kapitel behandelt wurde, werden die bezüglichen Formeln so umständlich, daß mit Rücksicht auf ihre seltene Verwendung in der Mechanik auf ihre Herleitung verzichtet werden kann.

Siebentes Kapitel.

Darstellung der Bewegung eines Punktes in Polar- und Zylinderkoordinaten.

In einer großen Reihe von Fällen wird die Lösung von Aufgaben der Bewegungslehre erheblich vereinfacht durch die Verwendung anderer Koordinatensysteme als die rechtwinkliger Punktkoordinaten, insbesondere für die Bewegungen in der Ebene des der Polarkoordinaten, im Raume des der Zylinderkoordinaten. Da letzteres auf dem ersteren beruht, soll der Fall der Polarkoordinaten in der Ebene zuerst behandelt werden.

a) Polarkoordinaten in der Ebene.

Wenn sich die Bewegung des Punktes in einer Ebene vollzieht und die Polarkoordinaten des bewegten Punktes A in bezug auf den willkürlichen Punkt O und die positive Achse OX $\overline{OA} = r$

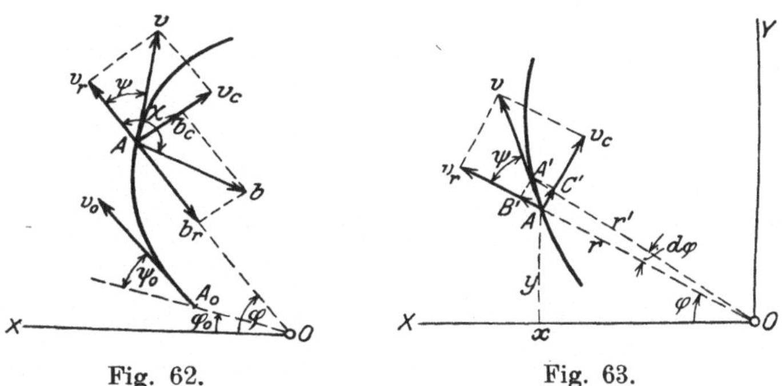

Fig. 62.
Fig. 63.

und $\angle XOA = \varphi$ (s. Fig. 62) sind, dann bestimmen die eindeutigen Funktionen

$$(35) \qquad r = f_r(t) \quad \text{und} \quad \varphi = f_c(t)$$

der Zeit die Bewegung von A vollständig. Insbesondere erhalten wir die Gleichung der Bahn durch Elimination der Zeit t aus den beiden Gleichungen (35) in der Gestalt

$$F(r, \varphi) = 0.$$

Geschwindigkeit und Beschleunigung der Bewegung lassen sich wie im vorhergehenden Kapitel durch eine Koordinatentransformation gewinnen, denn es ist, wenn in Fig. 63 x und y die rechtwinkligen Punktkoordinaten von A bezeichnen,

$$x = r \cdot \cos\varphi, \quad y = r \cdot \sin\varphi,$$

woraus dann v_x, v_y, b_x und b_y wie früher als Funktionen der Zeit erhalten werden. Unmittelbar gelangt man zu den erforderlichen Formeln durch folgende Überlegung. Wir zerlegen v mittels des Parallelogrammes der Geschwindigkeiten in Komponenten in Richtung des Fahrstrahles $\overline{OA}$ und einer zu ihm Senkrechten, dann ergibt sich für diese

$$(36) \qquad v_r = v \cdot \cos \psi, \qquad v_c = v \cdot \sin \psi,$$

falls ψ (s. Fig. 63) den Winkel zwischen dem Vektor v und dem nach außen gerichteten Fahrstrahl $\overline{OA}$ im Sinne der Uhrzeigerbewegung gemessen bezeichnet; die Größe v_r möge Radialgeschwindigkeit, v_c aber Zirkulargeschwindigkeit genannt werden. Beide lassen sich einfach durch r und φ ausdrücken. Es sei $\overline{AA'} = du$ das Bahnelement in der Zeit dt, $\overline{OA'} = r + dr$ und $\angle AOA' = d\varphi$, dann ist, wenn in Fig. 63 $AB'A'C'$ das unendlich kleine Parallelogramm der Wege darstellt, bis auf unendlich kleine Größen zweiter Ordnung

$$\overline{AB'} = du \cdot \cos \psi = dr, \qquad \overline{AC'} = du \cdot \sin \psi = r \cdot d\varphi,$$

folglich, weil

$$v \cdot \cos \psi = \frac{du}{dt} \cdot \cos \psi, \qquad v \cdot \sin \psi = \frac{du}{dt} \cdot \sin \psi,$$

$$(37) \qquad v_r = \frac{dr}{dt}, \qquad v_c = r \frac{d\varphi}{dt}.$$

Unter Benutzung von (35) findet man sonach

$$(37\,\mathrm{a}) \qquad v_r = f_r'(t), \qquad v_c = f_r(t) \cdot f_c'(t).$$

Die Komponente v_r zeigt, mit welcher Schnelligkeit sich A auf dem Fahrstrahl $\overline{OA}$ bewegt, während die Zirkulargeschwindigkeit andeutet, wie sich der Punkt auf dem Kreise vom Radius r bewegen würde, falls r konstant bliebe. Aus (36) in Verbindung mit (37a) erhält man nunmehr auch die Geschwindigkeit v selbst nach Größe und Richtung, und zwar durch die Formeln

$$(38) \qquad v = \sqrt{v_r^2 + v_c^2}, \qquad \cos \psi = \frac{v_r}{v}, \qquad \sin \psi = \frac{v_c}{v}$$

als Funktionen der Zeit.

Zur totalen Beschleunigung b des Punktes A gelangen wir in ähnlicher Weise, indem wir sie zunächst wieder in die Komponenten

$$(39) \qquad b_r = b \cos \chi, \qquad b_c = b \sin \chi$$

in Richtung des Fahrstrahles $\overline{OA}$ und einer zu ihm Senkrechten (s. Fig. 62) zerlegen. In (39) bedeutet χ den im Sinne der Uhrzeigerbewegung gemessenen Winkel zwischen dem nach außen gerichteten Fahrstrahl $\overline{OA}$ und dem Vektor b. Die Komponente b_r werde Radial-, b_c Zirkularbeschleunigung genannt. Um sie durch r und φ ausdrücken zu können, bestimmen wir die Zunahme bzw. Änderungen der Geschwindigkeitskomponenten v_r und v_c. Würden sich nur die Größen der beiden Komponenten ändern, so hätten wir in Richtung des Fahrstrahles $\overline{OA}$ eine Beschleunigung

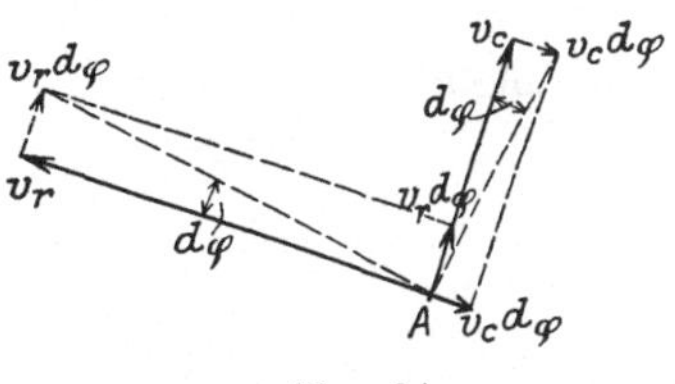

Fig. 64.

$b_r' = \dfrac{dv_r}{dt}$, und in der dazu senkrechten Richtung die Beschleunigung

$b_c' = \dfrac{dv_c}{dt}$. Da sich aber auch die Richtungen beider Komponenten ändern, und zwar um $d\varphi$, so ergibt Fig. 64 einen vektoriellen Geschwindigkeitszuwachs in Richtung $\overline{AO}$ von der Größe $v_c d\varphi$ und sonach eine radial nach innen gerichtete Beschleunigung $b_r'' = -v_c \dfrac{d\varphi}{dt}$, ferner die Richtungsänderung von v_r eine Beschleunigung $b_c'' = v_r \cdot \dfrac{d\varphi}{dt}$.

Insgesamt ergeben sich sonach als Radialbeschleunigung

$$b_r = b_r' + b_r'' = \frac{dv_r}{dt} - v_c \frac{d\varphi}{dt}$$

und als Zirkularbeschleunigung

$$b_c = b_c' + b_c'' = \frac{dv_c}{dt} + v_r \frac{d\varphi}{dt}.$$

Setzen wir hierin die Ausdrücke (37) ein, so finden wir

$$(40) \qquad \begin{cases} b_r = \dfrac{d^2 r}{dt^2} - r\left(\dfrac{d\varphi}{dt}\right)^2, \\[2mm] b_c = 2\dfrac{dr}{dt} \cdot \dfrac{d\varphi}{dt} + r\dfrac{d^2\varphi}{dt^2} = \dfrac{1}{r}\dfrac{d}{dt}\left(r^2\dfrac{d\varphi}{dt}\right). \end{cases}$$

Mittels der Ausdrücke (35) lassen sich folglich b_r und b_c als Funktionen der Zeit t darstellen und hiernach auch die totale Beschleunigung b nach Größe und Richtung abhängig von der Zeit finden, denn aus (39) ergibt sich

$$(41) \qquad b = \sqrt{b_r{}^2 + b_c{}^2}, \qquad \cos\chi = \frac{b_r}{b}, \qquad \sin\chi = \frac{b_c}{b}.$$

Beispiel. Wenn

$$r = r_0 + c\,(t - t_0), \qquad \varphi = \varphi_0 + k\,(t - t_0),$$

so erhält man die Gleichung der Bahn

$$r = r_0 + \frac{c}{k}(\varphi - \varphi_0);$$

diese stellt eine Archimedessche Spirale dar (s. Fig. 65). Ferner wird

$$v_r = \frac{dr}{dt} = c; \qquad v_c = r \cdot \frac{d\varphi}{dt} = k \cdot r$$

und folglich

$$v = \sqrt{c^2 + k^2 r^2}, \qquad \cos\psi = \frac{c}{\sqrt{c^2 + k^2 r^2}}, \qquad \sin\psi = \frac{kr}{\sqrt{c^2 + k^2 r^2}}.$$

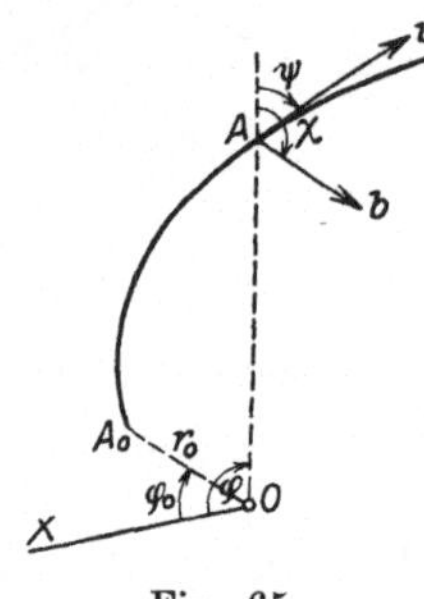

Fig. 65.

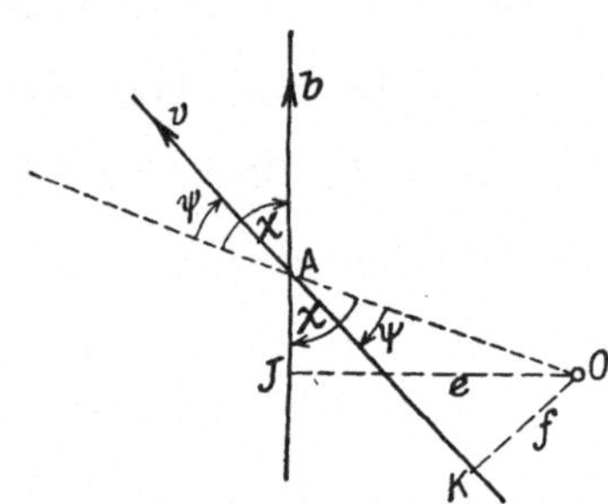

Fig. 66.

Sind c und k positive Konstanten, so wächst r stetig mit der Zeit, folglich auch v und ψ, wie man besonders aus der Beziehung

$$\tan\psi = \frac{v_c}{v_r} = \frac{k}{c} \cdot r$$

erkennt, die zeigt, daß ψ zwischen O und $\frac{\pi}{2}$ liegt. Weiter findet man

$$b_r = -k^2 r, \qquad b_c = 2k c,$$

also eine totale Beschleunigung

$$b = k \cdot \sqrt{k^2 r^2 + 4 c^2},$$

die stetig mit r wächst und, wie aus $\tan\chi = \dfrac{b_c}{b_r} = -\dfrac{2c}{kr}$ hervorgeht, sich mit wachsendem r der Richtung des Fahrstrahles $\overline{AO}$ mehr und mehr nähert.

Aus dem zweiten Ausdruck für b_c in (40) geht die Beziehung

$$b_c \cdot r = \frac{d}{dt}\left(r^2 \frac{d\varphi}{dt}\right) = \frac{d}{dt}(v_c \cdot r)$$

hervor, der sich mit Benutzung von (39) und (36) auch die Form

$$br \sin\chi = \frac{d}{dt}(vr \sin\psi)$$

geben läßt. Fällen wir nun die Lote $\overline{OJ} = e$ auf die Gerade, in der b liegt (s. Fig. 66), und $\overline{OK} = f$ auf die Bahntangente, und beachten, daß

$$r \sin \chi = e \quad \text{und} \quad r \sin \psi = f,$$

wie aus den Dreiecken OAJ und OAK hervorgeht, so folgt

$$(42) \qquad b \cdot e = \frac{d}{dt}(v \cdot f)$$

Nennt man das Produkt eines Vektors mit seinem senkrechten Abstande von einem Punkte das **Moment des Vektors** für jenen Punkt, so läßt sich die Gleichung (42) durch den folgenden Satz ausdrücken: **Das Moment der Beschleunigung eines bewegten Punktes ist für jeden beliebigen Punkt der Ebene gleich dem totalen Differentialquotienten nach der Zeit des Momentes der Geschwindigkeit.**

Wie aus Fig. 63 hervorgeht, ist der Inhalt des unendlich kleinen Dreiecks OAA', um das der Inhalt F des Sektors OA_0A bei der Bewegung von A bis zu dem unendlich benachbarten Punkte A' zunimmt,

$$dF = \tfrac{1}{2}\, r^2\, d\varphi\,.$$

Hieraus folgt die sog. **Flächen- oder Sektorengeschwindigkeit** der Bewegung zu

$$(43) \qquad \frac{dF}{dt} = \frac{1}{2}\, r^2 \frac{d\varphi}{dt} = \frac{1}{2}\, r\, v_c = \frac{1}{2}\, v f$$

und die **Flächen- oder Sektorenbeschleunigung**

$$(44) \qquad \frac{d^2 F}{dt^2} = \frac{1}{2} \frac{d}{dt}\left(r^2 \frac{d\varphi}{dt}\right) = \frac{1}{2}\, b e\,.$$

Es gibt Bewegungen, bei denen die totale Beschleunigung immer nach demselben Punkt hin gerichtet, also e dauernd gleich Null ist; sie werden **Zentralbewegungen** genannt. Beispiele solcher Bewegungen sind die Bewegungen der Planeten um die Sonne, des Mondes um die Erde usw. Für diese Bewegungen ist nach (44)

$$\frac{d^2 F}{dt^2} = 0\,,$$

folglich

$$\frac{dF}{dt} = \text{Const.} = C\,.$$

Daraus folgt durch Integration

$$F = C\,(t - t_0),$$

und damit das Ergebnis, daß bei Zentralbewegungen der Fahrstrahl in gleichen Zeiten inhaltsgleiche Sektoren beschreibt[1]). Beachtet man weiter, daß in diesem Sonderfalle

$$\frac{dF}{dt} = \frac{1}{2}\,v\,f = C$$

wird, so ersieht man, daß sich

$$v = 2\,\frac{C}{f}$$

ergibt, also die Geschwindigkeit umgekehrt proportional dem Abstande der Bahntangente vom Bezugspunkte O sich ändert.

b) Zylinderkoordinaten.

Nimmt man zu den Polarkoordinaten in einer Ebene noch den senkrechten Abstand des bewegten Punktes von der Ebene, so läßt sich durch diese drei Koordinaten, welche Zylinderkoordinaten genannt werden, jede räumliche Bewegung eines Punktes darstellen. Zu dem Ende denken wir uns die Bahn des Punktes auf die XY-Ebene eines beliebigen Koordinatensystems projiziert und die Bewegung des Lotfußpunktes F (s. Fig. 67) durch die Polarkoordinaten r und φ dargestellt. Zu diesen fügen wir noch die z-Koordinate, also die projizierte Bewegung auf der Z-Achse (vgl. S. 51), die mit der Bewegung des Punktes A auf der Mantellinie einer Zylinderfläche übereinstimmt, deren Leitlinie die Bahnprojektion f ist und auf der die räumliche Bahnkurve a liegt. Es genügt sonach, die vorausgehenden Darlegungen über die Verwendung von Polarkoordinaten mit denen über die geradlinige Bewegung eines Punktes zu vereinigen, um die Darstellung der räumlichen Bewegung in Zylinderkoordinaten zu erhalten. Ist sonach

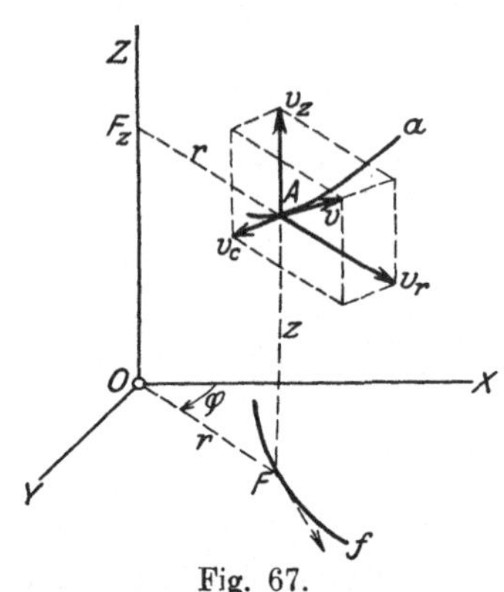
Fig. 67.

$$(45) \qquad r = f_r(t), \qquad \varphi = f_c(t), \qquad z = f_z(t)$$

gegeben, so liefert die Elimination von t aus den beiden ersten Ausdrücken die Gleichung der Projektion der Bahn auf die XY-Ebene in der Form

$$F(r,\varphi) = 0;$$

---

[1]) Dieser Satz, der einer wesentlichen Erweiterung fähig ist, wird der Flächensatz oder in Anwendung auf die Planetenbahnen das zweite Keplersche Gesetz genannt.

diese Projektion beschreibt der Fußpunkt F des Lotes von A auf die XY-Ebene. Hierzu tritt die durch $z = f_z(t)$ bestimmte Bewegung in der Parallelen FA zur Z-Achse, wodurch sich eine einfache Vorstellung der räumlichen Bahnkurve gewinnen läßt. Die Geschwindigkeit v des Punktes A finden wir aus den drei Komponenten

$$(46) \qquad v_r = \frac{dr}{dt} = f_r'(t), \qquad v_c = r\frac{d\varphi}{dt} = f_r(t) \cdot f_c'(t), \qquad v_z = f_z'(t),$$

die radiale, zirkulare und axiale Komponenten genannt werden und deren Zusammensetzung mittels des Parallelepipedes der Geschwindigkeiten

$$\mathfrak{v} = \mathfrak{v}_r + \mathfrak{v}_c + \mathfrak{v}_z$$

ergibt. Größe und Richtung von v berechnet sich aus den Formeln

$$(47) \qquad \begin{cases} v = \sqrt{v_r^2 + v_c^2 + v_z^2}, \\[2mm] \cos(v, v_r) = \dfrac{v_r}{v}, \qquad \cos(v, v_c) = \dfrac{v_c}{v}, \qquad \cos(v, v_z) = \dfrac{v_z}{v}. \end{cases}$$

In ganz gleicher Weise erhält man aus

$$(48) \qquad b_r = \frac{d^2 r}{dt^2} - r\left(\frac{d\varphi}{dt}\right)^2, \qquad b_c = \frac{1}{r}\frac{d}{dt}\left(r^2\frac{d\varphi}{dt}\right), \qquad b_z = \frac{d^2 z}{dt^2}$$

Größe und Richtung der totalen Beschleunigung b als Funktionen der Zeit durch die Beziehungen

$$(49) \qquad \begin{cases} b = \sqrt{b_r^2 + b_c^2 + b_z^2}, \\[2mm] \cos(b, b_r) = \dfrac{b_r}{b}, \qquad \cos(b, b_c) = \dfrac{b_c}{b}, \qquad \cos(b, b_z) = \dfrac{b_z}{b}. \end{cases}$$

Beispiel: Es sei eine Bewegung bestimmt durch die Beziehungen

$$r = r_0 + \alpha \cdot t, \qquad \varphi = \varphi_0 + \beta \cdot \ln(1 + k \cdot t), \qquad z = z_0 + \gamma \cdot t,$$

worin r_0, φ_0, z_0 die Koordinaten der Anfangslage A_0, d. i. zur Zeit $t = t_0 = 0$ seien, und α, β, γ und $k = \dfrac{\alpha}{r_0}$ gegebene Konstanten sind. Die Elimination von t aus den ersten beiden Gleichungen liefert die Gleichung einer logarithmischen Spirale

$$r = r_0 + \frac{\alpha}{k}\left(e^{\frac{\varphi - \varphi_0}{\beta}} - 1\right) = r_0 \, e^{\frac{\varphi - \varphi_0}{\beta}}.$$

Die Bahn liegt sonach auf der Zylinderfläche, deren Leitlinie diese Spirale ist. Ferner erhält man hier durch Elimination von t aus der ersten und dritten Gleichung

$$z = z_0 + \frac{\gamma}{\alpha}(r - r_0),$$

also die Gleichung einer Geraden, welche die Z-Achse unter dem konstanten Winkel

$$\lambda = \operatorname{arctan}\left(\frac{r - r_0}{z - z_0}\right) = \operatorname{arctan}\left(\frac{\alpha}{\gamma}\right)$$

in einem ruhenden Punkte schneidet. Letzterer ist folglich die Spitze eines Kreiskegels, auf dem die Bahn ebenfalls liegt. Der vorerwähnte Zylinder schneidet die Kegelfläche in der gesuchten Bahnkurve.

Die Geschwindigkeitskomponenten werden

$$v_r = \alpha; \quad v_c = r \cdot \frac{d\varphi}{dt} = r \cdot \frac{\beta \cdot k}{1 + kt} = \frac{r}{r_0} \cdot \frac{\alpha \cdot \beta}{1 + \dfrac{\alpha}{r_0} \cdot t} = \alpha \cdot \beta; \quad v_z = \gamma.$$

Da sie alle drei konstant sind, so wird auch

$$v = \sqrt{\alpha^2 + (\alpha\beta)^2 + \gamma^2} = \text{const.} = v_0;$$

die Bewegung ist sonach gleichförmig und der Hodograph wird ein Kreis parallel zur XY-Ebene, dessen Mittelpunkt lotrecht über dem Pol Q im Abstande $v_z = \gamma$ liegt; der Radius des Kreises ist $\alpha\sqrt{1 + \beta^2}$.

Die Beschleunigungskomponenten ergeben sich zu

$$b_r = -\frac{\alpha^2 \beta^2}{r}, \quad b_c = \frac{\alpha^2 \beta}{r}, \quad b_z = 0;$$

Die Beschleunigung b ist folglich senkrecht zur Z-Achse nach innen gerichtet und hat die Größe $\dfrac{\alpha^2 \beta}{r}\sqrt{1 + \beta^2}$. Da v konstant, also die Tangentialbeschleunigung gleich Null ist, so fällt b mit der Zentripetalbeschleunigung $b_n = \dfrac{v^2}{\varrho}$ zusammen, woraus sich

$$\varrho = r \cdot \frac{\alpha^2(1 + \beta^2) + \gamma^2}{\alpha^2 \beta\sqrt{1 + \beta^2}},$$

also proportional dem Fahrstrahl r findet.

Auch noch andere Koordinatensysteme werden zur Darstellung von Bewegungen verwendet, so z. B. das räumliche Polarkoordinatensystem, in dem die Entfernung des bewegten Punktes von einem willkürlichen Punkte des Bezugskörpers, der Winkel dieses Strahles mit einer durch den Bezugspunkt gehenden Achse und der Winkel, den die durch den Punkt und die Achse gehende Ebene mit einer die Achse enthaltenden Ebene des Bezugskörpers einschließt, die Koordinaten bilden; oder bipolare Koordinaten, d. h. die Entfernungen des bewegten Punktes von zwei Punkten des Bezugskörpers und der Winkel, den die Ebene durch die drei Punkte mit einer Ebene des Bezugskörpers durch die beiden Festpunkte einschließt, usf. Auf diese soll jedoch nicht weiter eingegangen werden, weil sie nur in ganz besonderen Fällen Anwendung finden.

Achtes Kapitel.

Die Elementarbewegungen starrer Körper.

Unter einem starren Körper werde ein sog. Punktesystem verstanden, d. i. eine Anzahl geometrischer Punkte, deren gegenseitige Entfernungen während der Bewegung des Systems gegen jeden beliebigen Bezugskörper sich nicht ändern. Daraus geht eine gegenseitige Abhängigkeit der Bewegungen der einzelnen Punkte von einander hervor, welche im folgenden untersucht werden soll.

Wir gehen hierbei von dem Satz aus: Die Lage eines starren Körpers ist vollständig und eindeutig bestimmt durch die Lagen irgend dreier seiner Punkte, die sich nicht auf einer Geraden befinden. Zum Beweise greifen wir irgend drei Punkte A, B, C des Körpers heraus, die im allgemeinen ein Dreieck, das sog. Grunddreieck des Körpers bilden. Jeder weitere Punkt D bildet dann mit dem Grunddreieck ein Tetraeder $ABCD$, dessen Kantenlängen bei der Bewegung des Körpers sich nicht ändern. Wählen wir das Grunddreieck in einer beliebigen Lage, so findet sich die Lage des Punktes D als Schnittpunkt dreier Kugelflächen, deren Mittelpunkte A bzw. B bzw. C und deren Radien $\overline{AD}$ bzw. $\overline{BD}$ bzw. $\overline{CD}$ sind. Die drei Kugelflächen haben zwei reelle Schnittpunkte D und D'; der eine D bildet mit dem Grunddreieck ein dem ursprünglichen kongruentes Tetraeder $ABCD$, der andere ein zu diesem symmetrisches $ABCD'$. Letzteres kommt nicht in Betracht, weil es im allgemeinen dem ursprünglichen Tetraeder nicht kongruent ist. Da das für jeden weiteren Körperpunkt gilt, so ist damit die Richtigkeit des Satzes erwiesen.

Da die Bewegung eines Körpers in der Änderung seiner Lage gegen den Bezugskörper besteht, so folgt aus dem vorstehenden Satz, daß die Bewegung eines starren Körpers durch die Bewegungen dreier seiner Punkte (des Grunddreieckes) vollständig und eindeutig bestimmt ist. Denn die Lagenänderungen aller Punkte des Körpers werden durch die der Eckpunkte des Grunddreieckes mitbestimmt, folglich auch die Bewegungen aller Punkte des Körpers.

Zwei Lagen eines Körpers können entweder endlich oder unendlich wenig verschieden sein. Im ersten Falle heißt der Übergang des Körpers aus einer Lage in die andere eine endliche, im zweiten Falle eine unendlich kleine oder Elementarbewegung des Körpers. Jede endliche Bewegung kann als eine Aufeinanderfolge von unendlich vielen Elementarbewegungen angesehen werden. Es ist nun sehr wichtig, zu erkennen, daß jede ganz allgemeine

Elementarbewegung eines starren Körpers auf zwei ganz bestimmte
einfache Bewegungen zurückgeführt werden kann, nämlich auf eine
Schiebung (Translation) und eine Drehung (Rotation); auf diese
beiden Bewegungsarten soll deshalb zunächst eingegangen werden.

a) Schiebung.

Unter einer Schiebung werde jede Bewegung eines starren
Körpers verstanden, bei der zwei sich schneidende Geraden des
Körpers in allen Lagen des letzteren zueinander parallel sind. Aus
dieser Definition folgen alle die
Eigenschaften der Schiebung ge-
nannten Bewegung.

Es sei ABC das Grund-
dreieck des Körpers in der Lage
K und $A'B'C'$ das in der Lage K'
des Körpers (s. Fig. 68); letzteres
erhalten wir, indem wir einen beliebigen Punkt, z. B. A, in seiner
neuen Lage A' willkürlich annehmen und $A'B' \Vert AB$, $A'C' \Vert AC$

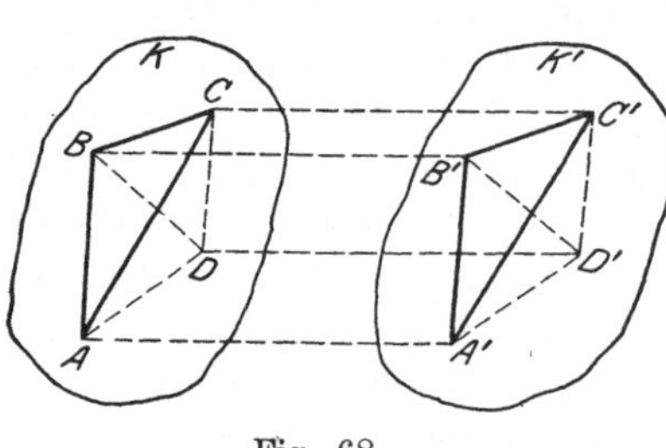

Fig. 68.

machen, weil dann auch $B'C' \Vert BC$ wird. Aus dieser Konstruktion
von $A'B'C'$ folgt nun nicht nur, daß $\overline{AA'} \Vert \overline{BB'} \Vert \overline{CC'}$, sondern
auch, daß für jeden beliebigen weiteren Körperpunkt D die Be-
ziehung $\overline{DD'} \Vert \overline{AA'}$ gilt. Denn machen wir, um die neue Lage D'
des Punktes D zu erhalten, das Tetraeder $A'B'C'D'$ kongruent
$ABCD$, so folgt sofort $\overline{A'D'} \Vert \overline{AD}$ und damit $\overline{DD'} \Vert \overline{AA'}$, was zu
beweisen war. Ist nun $\overline{AA'}$ die geradlinige Bahn des Punktes A,
vollzieht also der Körper eine geradlinige Schiebung, so beschreiben alle Körperpunkte geradlinige parallele Wege von gleicher
Länge.

Weiter geht hieraus hervor, daß bei einer Elementarschiebung
alle Körperpunkte Bahnelemente von gleicher Richtung und Länge
durchlaufen, und da sich bei einer endlichen Schiebung die Bahnen
aller Körperpunkte aus den gleichen Bahnelementen nach Größe und
Richtung zusammensetzen, aus denen die willkürlich zu wählende
Bahn a des Punktes A besteht, so erkennen wir, daß bei einer endlichen Schiebung alle Körperpunkte kongruente gleichliegende Bahnkurven a durchlaufen. In jeder Lage des Körpers sind folglich die
Bahntangenten in den Körperpunkten unter sich parallel, und sonach
auch die Geschwindigkeiten; außerdem haben letztere alle gleiche
Größe. Damit finden wir schließlich, daß auch der vektorielle Geschwindigkeitszuwachs aller Körperpunkte derselbe wird, und hiernach

die Beschleunigung selbst. Zusammenfassend erkennen wir, daß bei einer endlichen Schiebung alle Körperpunkte kongruente gleichliegende Bahnen beschreiben und alle Punkte des Körpers in jeder Lage des letzteren nach Größe und Richtung gleiche Geschwindigkeiten und Beschleunigungen besitzen.

Beispiele für geradlinige Schiebungen finden sich sehr viele in den Maschinen, so die Bewegungen des Kreuzkopfes und der Kolben in den Kolbendampfmaschinen. Als Beispiel einer krummlinigen Schiebung werde das Gelenkparallelogramm (s. Fig. 69) genannt, dessen vier Stäbe durch Gelenke mit parallelen Achsen beweglich verbunden sind. Wird das Glied K_0 in Ruhe gehalten und K bewegt, so beschreiben, wie man sich leicht überzeugt, alle Punkte

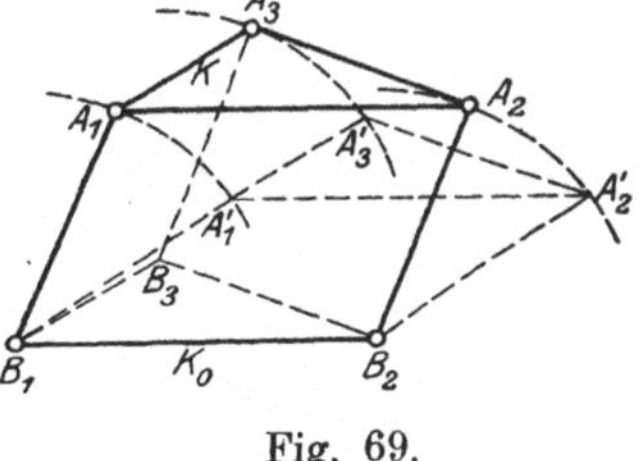

Fig. 69.

von K kongruente gleichliegende Bahnen, nämlich Kreise von gleichem Radius, deren Mittelpunkte B_1, B_2, B_3 usf. die gleiche Lage gegen K_0 haben, wie die Punkte A_1, A_2, A_3 ... gegen K.

b) Drehung.

Eine Drehung nennen wir jede Bewegung eines starren Körpers, bei der zwei verschiedene Punkte des Körpers gegen den Bezugskörper in Ruhe bleiben. Um die Eigenschaften dieser Bewegung abzuleiten, wählen wir diese beiden Punkte B und C als zwei der Eckpunkte des Grunddreieckes und einen weiteren beliebigen Punkt A, der aber nicht mit ersteren auf einer Geraden liegen darf, als den dritten. Die Bahn dieses Punktes A ist dann notwendig der Kreis, in dem sich die beiden Kugelflächen schneiden, deren Mittelpunkte B und C, und deren Radien $\overline{BA}$ und $\overline{CA}$ sind. Die Ebene dieses Kreises a steht bekanntlich senkrecht zur Verbindungslinie $\overline{BC}$ der Mittelpunkte beider Kugelflächen und der Mittelpunkt M von a liegt auf $\overline{BC}$, und zwar im Fußpunkte des Lotes $\overline{AM}$ von A auf $\overline{BC}$. Die Länge des Lotes $\overline{AM}$ ist sonach der Radius von a. Was bezüglich der Bahn von A gilt, erstreckt sich auf alle Körperpunkte mit Ausnahme der Punkte auf der Verbindungslinie BC, denn ihre Punkte erhalten als Radius ihrer Kreisbahn Null und das bedeutet, daß sie ihre Lage gegen den Bezugskörper nicht ändern, also in Ruhe bleiben. Bei der Drehung genannten Bewegung des Körpers bleibt sonach die Verbindungslinie der beiden in Ruhe gehaltenen Punkte ebenfalls in Ruhe; man nennt sie die Achse der Drehung oder kurz Drehachse (Rotationsachse). Die Ebene durch den Punkt A und die Drehachse, die dem bewegten Körper angehört, heißt die Meridianebene des Punktes A. Sie ist zugleich die Ebene des

Grunddreieckes, falls A als dessen dritter Endpunkt gewählt wird. Wählen wir auf der Kreisbahn a des Punktes A (s. Fig. 70) einen Bezugspunkt O, so ist die Lage von A durch die Länge $\overset{\frown}{OA} = u$ des Bogens bestimmt und damit zugleich die des ganzen Körpers,

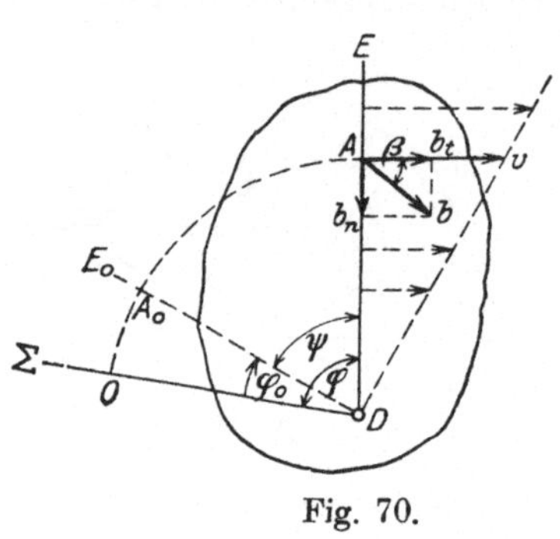

Fig. 70.

weil das Grunddreieck eine bestimmte Lage erhält. Die Meridianebene des Punktes O, die in dem Bezugskörper ruht, schließt mit der des Punktes A einen Winkel φ ein, der durch die Beziehung $u = r \cdot \varphi$ bestimmt wird, falls r den Radius des Kreises a bezeichnet. Denken wir uns nun φ als eindeutige Funktion der Zeit gegeben, so wird die Lage der Meridianebene E von A gegen die von O und damit gegen den Bezugskörper als eindeutige Funktion der Zeit eine bestimmte, woraus hervorgeht, daß die Bewegung des Körpers selbst durch φ als einer eindeutigen Funktion der Zeit, d. i.

$$\varphi = f(t),$$

völlig bestimmt ist. Der Anfangslage des Körpers zur Zeit $t = t_0$ entspricht der Winkel

$$\varphi_0 = f(t_0)$$

und diesem die Meridianebene E_0 des Punktes A_0 (s. Fig. 70); die Meridianebene von A dreht sich folglich in der Zeit $t - t_0$ um den Winkel

$$\varphi - \varphi_0 = \psi,$$

den sog. Drehwinkel. Bei einer derartigen Drehung beschreiben alle Körperpunkte Kreisbögen von gleichem Zentriwinkel, denn die Meridianebenen der Körperpunkte gehören einem starren Körper an und müssen sich folglich alle um den gleichen Winkel ψ drehen.

Die Geschwindigkeit v eines beliebigen Körperpunktes A ist $= \dfrac{du}{dt}$, und da $du = r \cdot d\psi$, falls r den Radius der Kreisbahn bezeichnet, so wird

$$v = r \cdot \frac{d\psi}{dt}.$$

In diesem Ausdruck heißt

$$\frac{d\psi}{dt} = \omega$$

die Winkelgeschwindigkeit der Drehung zur Zeit t. Aus der wichtigen Beziehung

$$(50) \qquad v = r \cdot \omega$$

folgt als Einheit der Winkelgeschwindigkeit

$$\omega_I = v_I : l_I = \frac{1}{t_I} = t_I^{-1};$$

ihre Dimension ist sonach von der -1. in Zeiteinheiten. Man erhält aus

$$\omega = \frac{d\psi}{dt} = \frac{d\varphi}{dt} = f'(t)$$

die Winkelgeschwindigkeit als eine Funktion der Zeit, also im allgemeinen veränderlich. Man legt ihr zweckmäßig einen gewissen Sinn bei, und zwar den Drehsinn der Bewegung. Ist sonach $\omega > 0$, so wächst φ, im anderen Falle nimmt es ab. Der Geschwindigkeitszustand des Körpers ist durch die Größe von ω und den Drehsinn in jeder Lage völlig bestimmt. Die Geschwindigkeiten der einzelnen Körperpunkte sind proportional ihren Abständen von der Drehachse und senkrecht zu ihren Meridianebenen gleichsinnig mit der Drehung.

Ist b die Beschleunigung des beliebigen Körperpunktes A (s. Fig. 70), und zerlegen wir diese in die Tangentialbeschleunigung $b_t = b \cos \beta$ und die Zentripetalbeschleunigung $b_n = b \sin \beta$, so wird erstere

$$b_t = \frac{dv}{dt} = r \cdot \frac{d\omega}{dt},$$

weil $v = r \cdot \omega$ und r sich nicht mit der Zeit ändert, falls die Drehung des Körpers um eine ruhende Achse erfolgt. Die in b_t auftretende Größe

$$\frac{d\omega}{dt} = \varepsilon$$

wird die Winkelbeschleunigung des Körpers zur Zeit t genannt. Man erhält sie als Funktion der Zeit aus der Beziehung $\varphi = f(t)$ zu

$$(51) \qquad \varepsilon = \frac{d\omega}{dt} = \frac{d^2\varphi}{dt^2} = f''(t).$$

Da $b_t = r \cdot \varepsilon$, so wird $\varepsilon_I = b_I : l_I = t_I^{-2}$, d. h. die Winkelbeschleunigung hat die Dimension -2 in Zeiteinheiten und bedeutet eine Zunahme von ω, also eine Beschleunigung der Drehung, falls sie positiv, eine Abnahme von ω und somit eine Verzögerung der Drehung, falls sie negativ ist. Demgemäß legen wir auch ε einen bestimmten Sinn bei und wählen ε gleichsinnig mit ω im Falle der Beschleunigung, gegensinnig zu ω im Falle der Verzögerung.

Die Zentripetalbeschleunigung wird hier, da der Krümmungsradius der Bahn $\varrho = r$,

$$b_n = \frac{v^2}{\varrho} = r \cdot \omega^2$$

und hat die Richtung nach der Drehachse zu; ihre Größe ist dem Abstande des Punktes von der Drehachse proportional. Letzteres gilt auch von der tangentialen Komponente der Beschleunigung; nur ist sie senkrecht zur Meridianebene eines jeden Punktes gleichsinnig mit der Winkelbeschleunigung gerichtet. Die Zusammensetzung beider Komponenten liefert als totale Beschleunigung des Körperpunktes

$$(52) \qquad \sqrt{b_t^2 + b_n^2} = r\sqrt{\varepsilon^2 + \omega^4},$$

diese schließt mit v den Winkel β ein, der durch die Beziehung

$$(53) \qquad \tan\beta = \frac{\omega^2}{\varepsilon}$$

bestimmt ist. Letztere zeigt, daß β unabhängig von r ist, d. h. alle Körperpunkte auf einer Meridianebene haben parallele Beschleunigungen, deren Größe dem Abstande des Körperpunktes von der Drehachse proportional ist. Hierdurch wird auch der Beschleunigungszustand des Körpers für jede Zeit t festgelegt.

Wichtige Sonderfälle von Drehungen um ruhende Achsen sind

a) die gleichförmige Drehung. Sie vollzieht sich mit konstanter Winkelgeschwindigkeit

$$\omega = \text{Const.} = \omega_0,$$

woraus hervorgeht, daß alle Körperpunkte ihre Kreisbahnen gleichförmig, also mit konstanter Geschwindigkeit durchlaufen. Für den Drehwinkel ψ ergibt sich die einfache Beziehung

$$\psi = \varphi - \varphi_0 = \omega_0 (t - t_0),$$

aus der die Dauer einer Umdrehung zu

$$T = \frac{2\pi}{\omega_0}$$

hervorgeht. Bei der gleichförmigen Drehung führt man an Stelle von ω_0 häufig die sog. Umlaufszahl n ein, worunter man die Anzahl der Umdrehungen des Körpers in der Minute versteht. Da hiernach $n \cdot T = 60\,\mathrm{s}$ sein soll, so erhält man

$$(54) \qquad \omega_0 = \frac{n\pi}{30}\,\mathrm{s}^{-1}.$$

Ist z. B. $n = 120$, so findet sich $\omega_0 = 4\pi\,\mathrm{s}^{-1} = 12{,}57\,\mathrm{s}^{-1}$, und dann erhält jeder Körperpunkt im Abstand $r = 2{,}0$ m die Geschwindigkeit $v = r \cdot \omega_0 = 25,13 \text{ ms}^{-1}$, mit der er seine Kreisbahn durchläuft.

Da die Winkelbeschleunigung ε in diesem Falle gleich Null ist, so fällt b mit $b_n = r\,\omega_0{}^2$ zusammen, während $\beta = \dfrac{\pi}{2}$ wird.

b) **die gleichmäßig veränderte Drehung.** Unter einer solchen soll die Drehung mit konstanter Winkelbeschleunigung verstanden werden, also

$$\varepsilon = \text{Const.} = \varepsilon_0 .$$

Es folgt daraus sofort, weil $\varepsilon = \dfrac{d\omega}{dt}$;

$$(55) \qquad\qquad \omega = \omega_0 + \varepsilon_0 (t - t_0),$$

falls ω_0 den Wert von ω zur Zeit $t = t_0$ bezeichnet, und weiter

$$(56) \qquad\qquad \varphi = \varphi_0 + \omega_0 (t - t_0) + \tfrac{1}{2}\,\varepsilon_0 (t - t_0)^2 .$$

Zu diesen selben Ausdrücken für ω und φ gelangen wir auch unter Benutzung des Umstandes, daß in diesem Falle jeder Körperpunkt seine Kreisbahn gleichmäßig verändert durchläuft, also für ihn die Beziehungen (5) [S. 17] und (6) [S. 19] gelten. Aus diesen erhalten wir die Ausdrücke für ω und φ, indem wir beachten, daß hier $b_t = r \cdot \varepsilon_0$, $v = r \cdot \omega$ und $u = r \cdot \varphi$ ist, und die Gleichungen mit r dividieren. Durch Elimination der Zeit aus den Ausdrücken für ω und φ folgt noch

$$\varphi = \varphi_0 + \frac{\omega^2 - \omega_0{}^2}{2\,\varepsilon_0} .$$

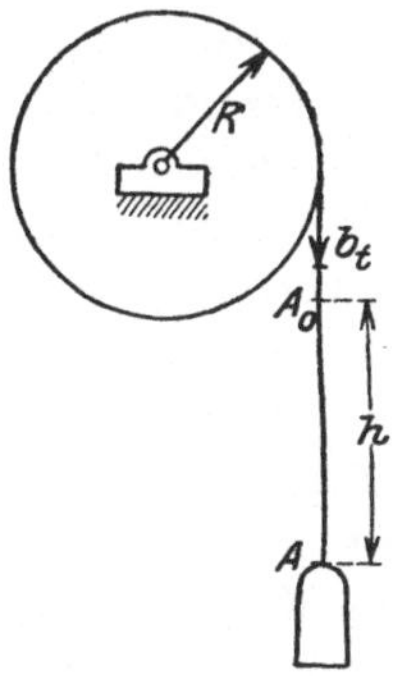

Beispiel: Über eine kreiszylindrische Scheibe, die sich um eine horizontale Achse D dreht (s. Fig. 71), ist ein Faden geschlungen, der am Endpunkt A einen schweren Körper trägt. Sinkt letzterer aus der Ruhelage um die Höhe h herab, so tritt eine Drehung der Scheibe ein, die sehr angenähert eine gleichmäßig beschleunigte ist. Bezeichnet t die Zeitdauer dieser Bewegung, so besteht für den Vorgang die Beziehung

$$h = u - u_0 = v_0 \cdot t + \tfrac{1}{2}\,b_t \cdot t^2,$$

Fig. 71.

weil jeder Punkt des Umfanges in der Zeit t den Weg $u - u_0 = h$ zurücklegt. Da nun annahmegemäß $v_0 = R \cdot \omega_0 = 0$, $b_t = R \cdot \varepsilon_0$, falls R den Radius der Scheibe bezeichnet, so erhält man für die Winkelbeschleunigung

$$\varepsilon_0 = \frac{2\,h}{R\,t^2} .$$

Wenn z. B. $h = 1,44$ m, $t = 2,4$ s, $R = 0,2$ m, so wird $\varepsilon_0 = 2,5 \text{ s}^{-2}$, und die Dauer der ersten vollen Umdrehung (für $u - u_0 = 2\,R\,\pi$) $T = 2\sqrt{\dfrac{\pi}{\varepsilon_0}} = 1,12$ s.

Bei den Untersuchungen über die Drehung wurde zunächst angenommen, daß die Drehachse nicht nur in dem bewegten Körper selbst, sondern auch im Bezugskörper eine feste unveränderliche Lage hat. Es ist aber unmittelbar einzusehen, daß alle Eigenschaften der Drehung erhalten bleiben, insbesondere der Geschwindigkeits- und Beschleunigungszustand, wenn nur die Drehachse im bewegten Körper festliegt, nicht aber im Bezugskörper. Jedes Wagenrad ist ein Beispiel solcher Bewegung, denn es dreht sich gegen den Wagenkörper genau so, als ob der Wagenkörper in Ruhe wäre, und doch bewegt sich die Radachse zugleich mit dem Wagen gegen den Erdkörper. Vollzieht ein Körper um eine in ihm feste Drehachse eine Drehung gegen einen Körper, der selbst irgendeine Bewegung hat, so folgen doch alle Eigenschaften der Drehung aus der Definition der letzteren genau in derselben Weise, wie bei der Drehung gegen den ruhend gedachten Bezugskörper.

Anders ist dies dagegen in dem Falle, wo die Drehachse in dem bewegten Körper ihre Lage ändert. In diesem Falle ist die Elementarbewegung des Körpers eine unendlich kleine Drehung um eine Gerade des Körpers, deren Punkte augenblicklich die Geschwindigkeit Null haben. Diese Gerade heißt deshalb die Momentanachse der Drehung. Bei dem Übergang des Körpers in die unendlich benachbarte Lage wechselt nun die Momentanachse ebenfalls ihre Lage im Körper, und zwar unendlich wenig, d. h. es erlangen andere Punkte des Körpers die Geschwindigkeit Null und diese Punkte liegen auf der neuen Momentanachse. Im allgemeinen ändert sonach die momentane Drehachse sowohl im bewegten als im Bezugskörper ihre Lage, und zwar während einer Elementardrehung in beiden unendlich wenig. Es ist nun zu beachten, daß die Elementardrehung um eine veränderliche Achse genau so verläuft, wie eine unendlich kleine Drehung um eine im Körper feste Achse, also wie ein Übergang des Körpers aus einer Lage in die unendlich benachbarte, denn das Bahnelement eines jeden Körperpunktes steht senkrecht zur Meridianebene des Punktes und hat die Größe $du = r \cdot d\psi$, falls $d\psi$ der unendlich kleine Drehwinkel des Körpers und r der Abstand des Punktes von der Momentanachse der Drehung ist. Folglich ist auch der Geschwindigkeitszustand des Körpers in beiden Fällen der gleiche, d. h. es ist $v = \dfrac{du}{dt} = r \cdot \omega$.

falls $\omega = \dfrac{d\psi}{dt}$ die Winkelgeschwindigkeit der momentanen Drehung bezeichnet, und die Geschwindigkeit jedes Punktes steht ebenfalls senkrecht zur Meridianebene gleichsinnig mit der Drehung. Das letztere gilt auch von den Bahntangenten, denn sie enthalten die Bahnelemente, nur sind die Bahnen keine Kreise mehr, sondern können irgendwelche Kurven sein.

Der Einfluß der Lagenänderung der Drehachse zeigt sich hingegen bei den Beschleunigungen, denn der Beschleunigungszustand wird bedingt durch drei unendlich benachbarte Lagen der Körperpunkte bzw. des Körpers, also durch zwei aufeinander folgende Elementarbewegungen des Körpers, und letztere haben zwei verschiedene, wenn auch unendlich benachbarte Momentanachsen und zwei unendlich wenig verschiedene Winkelgeschwindigkeiten. Es wird sonach auch der Abstand r jedes Körperpunktes von beiden Momentanachsen verschieden ausfallen, und folglich in dem Ausdruck für die Tangentialbeschleunigung (V) (S. 38)

$$b_t = \frac{dv}{dt} = \frac{d(r \cdot \omega)}{dt} = r \cdot \frac{d\omega}{dt} + \omega \frac{dr}{dt}$$

die Größe dr bzw. $\frac{dr}{dt}$ nicht $= 0$ sein, wie bei der Drehung um eine im Körper feste Achse, und ferner, da die Bahnen im allgemeinen keine Kreise mehr sind, auch nicht mehr $\varrho = r$ sein können; vielmehr wird

$$b_n = \frac{v^2}{\varrho} = \frac{r^2}{\varrho} \cdot \omega^2.$$

Wir erkennen hieraus, daß bei Drehungen um veränderliche Achsen der Beschleunigungszustand der Körper wesentlich verschieden ist von dem der Drehung um in ihm ruhende Achsen.

In dem folgenden Kapitel wird eine besonders wichtige Gruppe von Drehungen um veränderliche Achsen ausführlich behandelt werden, weshalb Beispiele hier fortfallen können.

Neuntes Kapitel.

Die ebene Bewegung starrer Körper.

Recht häufig, und zwar besonders in Maschinen und Getrieben, tritt uns die ebene Bewegung starrer Körper entgegen, worunter jede Bewegung verstanden wird, bei der alle Körperpunkte ebene Bahnkurven beschreiben, die in parallelen Ebenen liegen. Hierzu gehören z. B. alle Drehungen um ruhende Achsen, da die Bahnen der Punkte Kreise in parallelen, nämlich zur Drehachse senkrechten Ebenen sind, ferner die Bewegungen der Pleuelstangen der Kolbendampfmaschinen u. a. Bei ebenen Bewegungen beschreiben alle Punkte des Körpers, die sich in einem Lote senkrecht zu den Ebenen der Bahnen befinden, kongruente Bahnen, es genügt sonach zur Kenntnis des Bewegungszustandes in diesem Falle, die Bewegung einer Ebene des Körpers, die den Bahnebenen parallel ist, zu kennen. Alle Lagen dieser Ebene — sie werde mit E bezeichnet — befinden sich in einer

Ebene E des Bezugskörpers; auf sie werde die Bewegung von E bezogen. Die ebene Bewegung eines starren Körpers läßt sich sonach zurückführen auf die komplane Bewegung einer starren Ebene E gegen eine mit ihr zusammenfallende, ruhend gedachte Bezugsebene E; mit dieser komplanen Bewegung wollen wir uns weiterhin ausführlicher beschäftigen.

Zunächst ist leicht ersichtlich, daß die Lage einer Ebene gegen eine andere komplane Ebene vollständig und eindeutig bestimmt ist durch die Lage zweier ihrer Punkte. Man erkennt das wie folgt. Seien A und B die beiden Punkte (s. Fig. 72), so bildet jeder weiterer Punkt Γ der Ebene mit A und B das starre Dreieck ABΓ. Bringen wir AB in die willkürlich gewählte neue Lage A′B′, wobei $\overline{A'B'} = \overline{AB}$, und konstruieren $\overline{A'\Gamma'} = \overline{A\Gamma}$, $\overline{B'\Gamma'} = \overline{B\Gamma}$, so erhalten wir zwei Dreiecke, von denen das eine

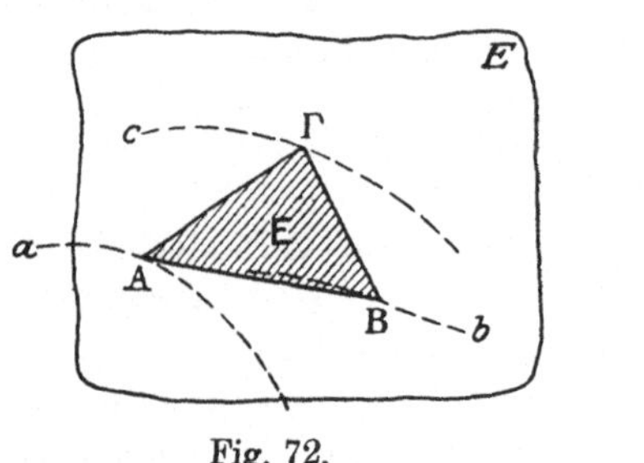

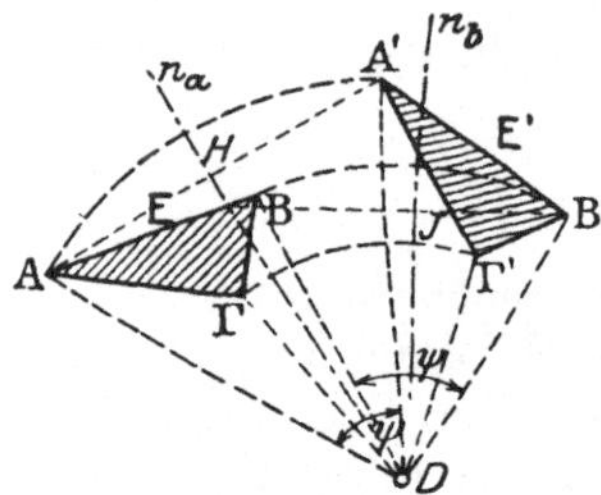

Fig. 72.   Fig. 73.

A′B′Γ′ $\simeq$ ABΓ, das andere symmetrisch zu A′B′Γ′ ist. Letzteres kommt wegen der komplanen Bewegung der Ebene für die Lage von A′ nicht in Frage; folglich ist die Lage von Γ′ eindeutig bestimmt, und das gilt von allen Punkten der Ebene E.

Aus dem bewiesenen Satze ergibt sich die wichtige Folgerung daß die Bahnen aller Punkte der Ebene vollständig und eindeutig bestimmt werden durch die Bahnen zweier ihrer Punkte. Sind in Fig. 72 a und b die willkürlich wählbaren Kurven, auf denen sich die Punkte A bzw. B bewegen müssen, so wird damit zugleich die Bahn c eines jeden weiteren Punktes Γ der Ebene E bestimmt.

Für den Bewegungsvorgang selbst ist nun von großer Bedeutung der Satz: Eine Ebene läßt sich in jede beliebige komplane Lage bringen durch Drehung um einen eindeutig bestimmten ihrer Punkte.

Beweis: E und E′ seien zwei beliebige Lagen der bewegten Ebene (s. Fig. 73), welche durch die Lagen A, B bzw. A′, B′ zweier ihrer Punkte bestimmt werden. Halbieren wir die Verbindungslinie $\overline{AA'}$ in H und errichten in diesem Punkte die Senkrechte n_a zu $\overline{AA'}$, so bewirkt die Drehung der Ebene um jeden Punkt auf n_a, daß A einen Kreisbogen beschreibt, der durch A' geht. Ebenso wird B auf einem Kreisbogen nach B' geführt durch Drehung um jeden Punkt auf der Mittelsenkrechten n_b der Strecke $\overline{BB'}$. Wählt man als Drehpunkt den Schnittpunkt D von n_a und n_b, so beschreiben A und B Kreisbögen, die sie nach A' bzw. B' führen. Der Vorgang ist sonach der gleiche wie bei der Drehung eines Körpers um eine ruhende Achse (vgl. 8. Kap. S. 65); die Drehachse hat man sich als Senkrechte zur Ebene E im Punkte D zu denken. Alle Punkte der Ebene beschreiben Kreisbögen vom gleichen Zentriwinkel ψ, und die Längen der Kreisbögen sind proportional den Entfernungen der Punkte von D. Die Lage von D ist als Schnittpunkt zweier Geraden eindeutig bestimmt.

Ist die Lage E' der Ebene unendlich nahe an E, oder was auf das gleiche hinauskommt, sind die Strecken $\overline{AA'}$ und $\overline{BB'}$ (s. Fig. 74)

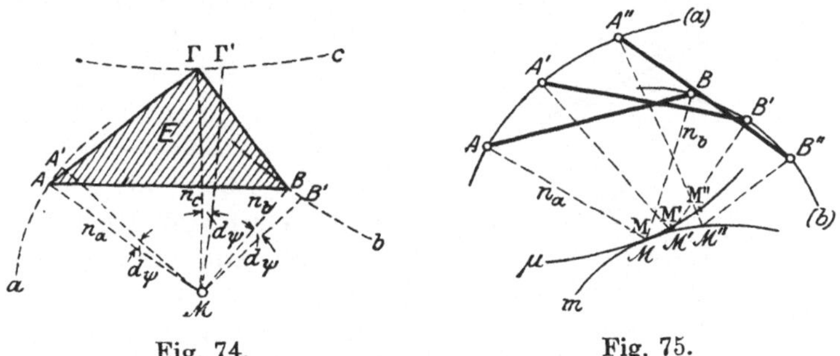

Fig. 74.   Fig. 75.

unendlich klein, so wird die Lagenänderung der Ebene zu einer Elementardrehung mit dem unendlich kleinen Drehwinkel $d\psi$. Da $\overline{AA'}$ und $\overline{BB'}$ die Elemente der Bahnen a bzw. b sind, die die Punkte A und B beschreiben, so gehen die Mittelsenkrechten n_a und n_b über in die Bahnnormalen dieser Punkte und diese schneiden sich in dem augenblicklichen Drehpunkte M der Elementarbewegung. Dieser Punkt, der auch Momentanzentrum oder Drehpol genannt wird, ist als Schnittpunkt zweier Geraden eindeutig bestimmt. In jeder Lage der Ebene schneiden sich die Bahnnormalen der Punkte der Ebene im augenblicklichen Drehpunkte und alle Bahnelemente stehen senkrecht im gleichen Sinne zu den Verbindungsstrahlen der Punkte mit dem Drehpol, so z. B. das Bahnelement $\overline{\Gamma\Gamma'}$ des Punktes Γ senkrecht zu dem Polstrahl $\overline{M\Gamma}$.

Denken wir uns die Bewegung der Ebene E (s. Fig. 75) bestimmt durch die Bahnen a und b zweier ihrer Punkte A und B, so ordnet sich jeder anderen Lage der Ebene ein anderer augenblicklicher Drehpunkt M zu. Der geometrische Ort aller Punkte M der ruhenden Ebene E ist eine eindeutig bestimmte Kurve, welche ruhende Polkurve genannt wird; sie möge mit m bezeichnet werden. Mit dem Punkte M fällt aber in jeder Lage der bewegten Ebene B ein bestimmter Punkt M zusammen, um den die augenblickliche Drehung stattfindet, und alle die Punkte M liegen ebenfalls auf einer eindeutig bestimmten Kurve μ, welche bewegte Polkurve genannt wird. Im folgenden soll nun bewiesen werden, daß die beiden Kurven m und μ sich im augenblicklichen Drehpunkt der Ebene E berühren und daß während der endlichen Bewegung von E die Kurve μ auf m rollt.

Es seien (s. Fig. 76) E, E′, E″ drei ganz willkürliche endlich verschiedene Lagen der bewegten Ebene, bestimmt durch die Lagen $\overline{AB}$, $\overline{A'B'}$, $\overline{A''B''}$ der Geraden $\overline{AB}$; ferner sei D der Drehpunkt, um

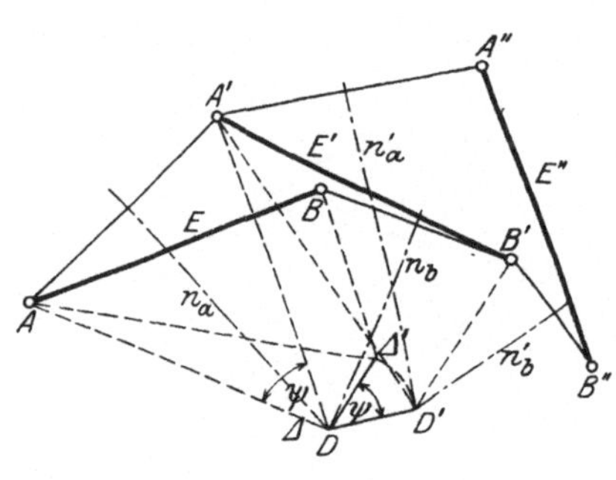

Fig. 76.

den die Ebene E zu drehen ist, damit sie in die Lage E′ gelangt, und D' der Drehpunkt zur Überführung der Ebene von E′ nach E″. Ist die Ebene in der Lage E, so fällt mit D ein Punkt Δ zusammen, und drehen wir die Ebene um den zugehörigen Drehwinkel AΔA′ $= \psi$ in die folgende Lage E′, so fällt mit D' ein anderer Punkt der Ebene zusammen, der mit Δ' bezeichnet werde. Da Δ und Δ' Punkte der starren Ebene E sind, so muß, wenn man die Ebene aus der Lage E nach E′ dreht, Δ' um Δ einen Kreisbogen vom Radius $\overline{\Delta\Delta'}$ und dem Zentriwinkel ψ beschreiben, der Δ' nach D' überführt; es muß sonach $\overline{\Delta\Delta'} = \overline{DD'}$ sein. Zu dem gleichen Ergebnis gelangt man durch die Überlegung, daß A, B und Δ Punkte einer starren Ebene sind, folglich, weil in der Lage E′ der Punkt Δ' mit D' zusammenfällt, das Dreieck

$$\text{AB}\Delta' \backsimeq \text{A'B'}D'$$

ist; aus einfachen planimetrischen Beziehungen ergibt sich dann, daß das Dreieck A$\Delta\Delta'$ kongruent dem Dreieck A′DD' ist und somit $\overline{\Delta\Delta'} = \overline{DD'}$ und $\angle \Delta'DD' = \psi$ sein muß.

Sind die drei Lagen E, E′ und E″ unendlich benachbart, so gehen die Punkte D und D' in die augenblicklichen Drehpunkte M und M', bzw. Δ und Δ' in M und M′ über, und dann ist $\overline{MM'}$ ein

Element der Polkurve m, $\overline{MM'}$ ein solches von μ. Beide Elemente haben die Punkte M und M gemeinsam, und der Winkel M′ M M' ist gleich dem unendlich kleinen Drehwinkel $d\psi$, der sich beim Grenzübergang der Null nähert. Folglich haben die beiden Kurven m und μ in M bzw. M die Tangente gemeinsam, d. h. sie berühren sich im augenblicklichen Drehpunkte. Weil ferner, wie bewiesen wurde, $\overline{MM'} = \overline{MM'}$ ist, d. h. der Berührungspunkt auf beiden Kurven m und μ bei der Elementarbewegung stets um gleich viel vorrückt, so tritt dies auch bei der endlichen Bewegung der Ebene ein, da letztere ja eine Aufeinanderfolge von Elementarbewegungen ist. Mit anderen Worten: wenn nach einer gewissen Zeit der Berührungspunkt beider Kurven auf m von M nach M_1, und auf μ von M nach M_1 gewandert ist, so besteht die Beziehung

$$\mathrm{arc}\,(M\,M_1) = \mathrm{arc}\,(M\,M_1)$$

und diese sagt, daß der Berührungspunkt auf beiden Kurven stets um die gleiche Länge sich vorwärts bewegt. Einen derartigen Bewegungsvorgang nennt man Rollen (auch reines Rollen) oder Wälzen der Kurve μ auf m, weshalb die beiden Polkurven auch Rollkurven (Rouletten) der Bewegung genannt werden. Der Berührungspunkt der Polkurven ändert seine Lage sowohl in der Ebene E als in E; er ist sonach weder der einen noch der anderen Ebene angehörig. obgleich er momentan sowohl mit M als M zusammenfällt. Er werde künftig kurz Pol der Bewegung der Ebene genannt und mit P bezeichnet.

Die bisherigen Betrachtungen ergeben den folgenden Satz: Erzeugt man die komplane Bewegung einer starren Ebene dadurch, daß man zwei ihrer Punkte auf willkürlich gewählten Kurven sich zu bewegen zwingt, so gibt es stets ein, aber auch nur ein Paar von Polkurven, die sich im augenblicklichen Drehpunkt der Ebene berühren und aufeinander rollen.

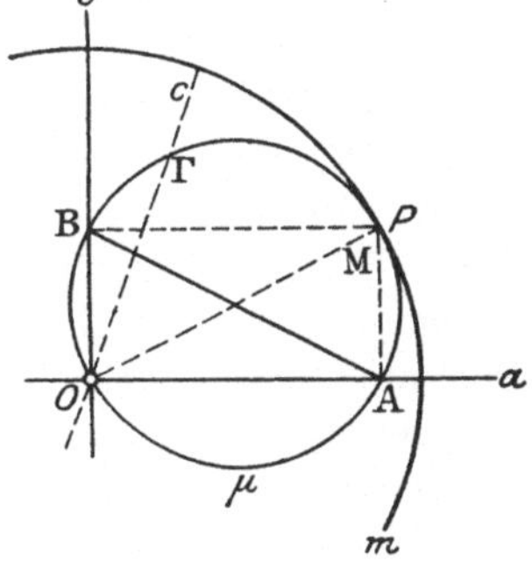

Fig. 77.

Beispiel: Es seien a und b zwei rechtwinklig sich schneidende gerade Linien (s. Fig. 77), dann liegt der Pol P im Schnittpunkt der Bahnnormalen AP und BP, d. i. der Senkrechten zu a in A und zu b in B. Da nun $\overline{OP} = \overline{AB}$, so folgt als geometrischer Ort der mit P zusammenfallenden Punkte M ein Kreis um O mit dem Radius $\overline{AB}$; dieser ist demnach hier die ruhende Polkurve m. Beachten wir ferner, daß die drei Punkte A, B, M ein rechtwinkliges Dreieck bilden, das der bewegten Ebene E angehört, so ist die bewegte Polkurve μ der geometrische Ort der Scheitel aller rechten Winkel über $\overline{AB}$, also auch ein Kreis, aber mit $\overline{AB}$ als Durchmesser. Die endliche Bewegung der Ebene geht hiernach so vor sich, daß der Kreis μ in dem Kreise m vom doppelten Durchmesser rollt. Die Punkte der Ebene haben Hypozykloiden zu Bahnen; man nennt diese Bewegung die **Hypozykloidenbewegung des Cardano.** Die Punkte auf der bewegten Polkurve μ jedoch bewegen sich auf Durchmessern des Kreises m, so z. B. der Punkt Γ auf der Geraden c (s. Fig. 77). Wir würden folglich dieselben Polkurven und dieselbe Bewegung erhalten, wenn wir zwei Punkte der Ebene zwingen, auf zwei unter einem beliebigen Winkel sich schneidenden Geraden sich zu bewegen.

Die Wahl der Kurven a und b ist keiner Beschränkung unterworfen. Wir können deshalb komplane Bewegungen von Ebenen auch dadurch erzeugen, daß wir die Polkurven m und μ willkürlich wählen. Hierdurch werden umgekehrt die Bahnen aller Punkte der mit μ verbundenen starren Ebene vollständig und eindeutig bestimmt. Im Berührungspunkt P beider Kurven (s. Fig. 78) liegt der Pol P, und der Strahl $\overline{P\Gamma}$, der den beliebigen Punkt Γ der Ebene E mit P

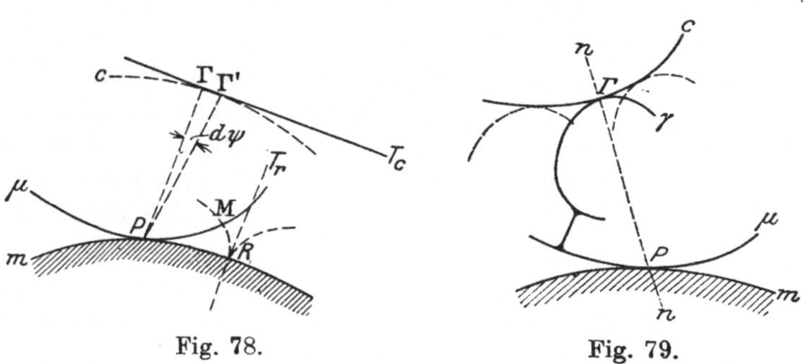

Fig. 78.Fig. 79.

verbindet, ist die Normale der Bahn c, die Γ beschreibt, während die Senkrechte ΓT_c zu ihm die Tangente von c in Γ ist. Die Punkte M auf der bewegten Polkurve μ beschreiben Bahnen mit Rückkehrpunkten (oder Spitzen), und zwar liegt der Rückkehrpunkt R jeder derartigen Bahn auf m, also dort, wo der die Bahn erzeugende Punkt auf μ mit dem Pol zusammenfällt, wie die Anschauung lehrt (s. Fig. 78). Es ist daher die ruhende Polkurve m der geometrische Ort der Rückkehrpunkte aller Bahnen und die Rückkehrtangenten $R T_r$ fallen in die Normalen der Kurven m.

Wenn z. B. m eine Gerade und μ ein Kreis ist, so beschreiben alle Punkte auf dem Kreis Orthozykloiden, deren Rückkehrpunkte auf der Geraden liegen.

Man erhält die sog. **umgekehrte Bewegung** einer Bewegung, wenn man die bewegte Polkurve μ zur ruhenden und die ruhende

m zur bewegten macht. Die umgekehrte Bewegung ist im allgemeinen ganz verschieden von der ursprünglichen, wie das Beispiel des auf einer Geraden rollenden Kreises zeigt, denn rollt eine Gerade auf einem Kreis, so beschreiben die Punkte der Geraden wie der Ebene Evolventen.

Eine beliebige Kurve γ der Ebene E (s. Fig. 79) nimmt bei der Bewegung der letzteren unendlich viele Lagen ein, die alle von einer Kurve c der ruhenden Ebene berührt bzw. eingehüllt werden; man nennt daher c die **einhüllende Kurve** der γ, oder auch kurz die **Einhüllende (Enveloppe)**. Die Kurve γ heißt auch Hüllkurve, c Hüllbahn; beide Kurven zusammen heißen ein Hüllkurvenpaar. Bei der Bewegung der Ebene gleitet also γ längs der Hüllbahn c, diese immer berührend. Ist z. B. γ eine Gerade, so sind ihre Lagen Tangenten der Hüllbahn c. Auch die bewegte Polkurve μ hüllt bei der Bewegung der Ebene die ruhende Polkurve m ein; es bilden deshalb μ und m ebenfalls ein Hüllkurvenpaar.

Es ist leicht ersichtlich, daß die gemeinsame Normale n im Berührungspunkte Γ des Hüllkurvenpaares, die sog. **Berührungsnormale**, durch den Pol P gehen muß. Denn Γ als Punkt der bewegten Ebene (s. Fig. 79) beschreibt ein Bahnelement senkrecht zum Polstrahl ΓP, und dieses Element liegt in der Tangente von c; da letztere zugleich die von γ ist, so muß die zu ihr senkrechte Normale n mit $P\Gamma$ zusammenfallen.

Umgekehrt folgt daraus, daß, wenn eine Kurve γ der bewegten Ebene E längs einer Kurve c der ruhenden Ebene gleitend diese dauernd berührt, der Pol der Bewegung von E in der augenblicklichen Berührungsnormalen des Hüllkurvenpaares γ, c liegt.

Aus dem letzteren Satze geht ohne weiteres hervor, daß der Pol einer ebenen Bewegung durch zwei Hüllkurvenpaare vollständig bestimmt ist, und zwar als Schnittpunkt der Berührungsnormalen n und n_β beider Paare (s. Fig. 80). Damit zugleich bestimmbar wird die ruhende Polkurve m als geometrischer Ort der Punkte P. Kehrt man ferner die Bewegung um, so erhält man nach dem Früheren μ als ruhende Polkurve der umgekehrten Bewegung, und zwar wieder als Ort der Schnittpunkte der Berührungsnormalen n_α und n_β.

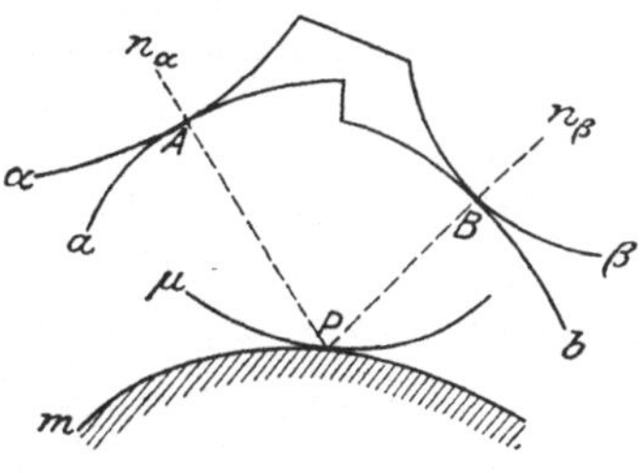

Fig. 80.

Wählt man z. B. als Kurven α und β zwei unter dem Winkel δ sich schneidende Geraden α und β, und als a und b zwei Kreise, deren Mittelpunkte K_a und K_b sind (s. Fig. 81, S. 78), so liegt der Pol P im Schnitt der Senkrechten zu α durch K_a und zu β durch K_b. Über die Polkurven erhalten wir sofort Aufschluß durch die umgekehrte Bewegung, denn bei dieser beschreiben K_a und K_b Parallelen α' zu α und β' zu β; sie ist demnach eine cardanische Hypozykloidenbewegung. Somit erkennen wir, daß die Polkurven zwei Kreise sein müssen, deren Durchmesserverhältnis $1:2$ ist. Die ruhende Polkurve m der ursprünglichen Bewegung wird von dem Kreise gebildet, der durch die vier Punkte P, K_a, O, K_b geht, während der die bewegte Polkurve μ darstellende Kreis O zum Mittelpunkte hat.

Die Erzeugung der ebenen Bewegungen durch zwei willkürliche Hüllkurvenpaare ist die allgemeinste ihrer Art, aus der sich alle anderen durch Verfügung über die Kurven dieser Paare ableiten lassen. Denken wir uns z. B. α als Kreis, so kann man dessen Durch-

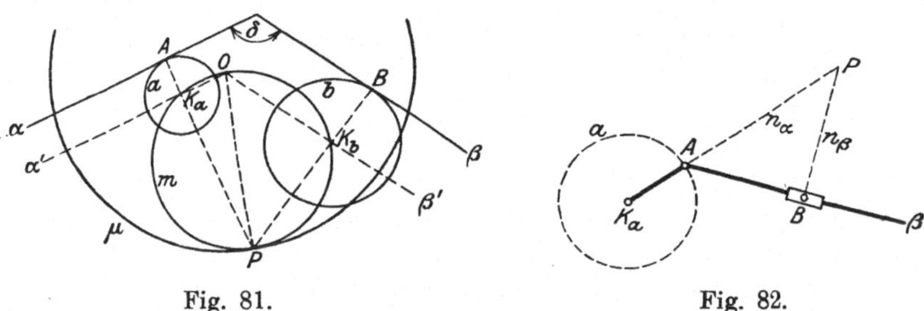

Fig. 81.Fig. 82.

messer bis auf Null abnehmen lassen, während man die Kurve a beibehält; dann vollzieht dieser Punkt seine Bewegung auf vorgeschriebener Bahn. Ebenso kann jede der beiden Kurven a und b sich auf einen Punkt zusammenziehen, und das bedeutet, daß die entsprechende Hüllkurve (α oder β) des Paares bei der Bewegung der Ebene immer durch einen ruhenden Punkt geht.

Würde man z. B. die Kurve α sich auf den Punkt A zusammenziehen lassen und für a einen Kreis wählen, dessen Mittelpunkt K_a ist (s. Fig. 82), ferner für β eine Gerade und auch b auf einen Punkt zusammenziehen, so erhielte man als Bewegung der Ebene E die, welche die Koppel des bekannten Kurbelschubgetriebes ausführt. Der Pol P dieser Bewegung liegt dann im Schnittpunkt der Bahnnormalen n_α und der Normalen n_β der Geraden β im Punkte B.

Da die Elementarbewegung der Ebene eine Drehung ist, so stimmt der Geschwindigkeitszustand völlig überein mit dem eines Körpers, der eine unendlich kleine Drehung um eine ruhende Achse ausführt (vgl. 8. Kap.). Bezeichnet ω die Winkelgeschwindigkeit und P den Pol der augenblicklichen Drehung (s. Fig. 83), so ist folglich die Geschwindigkeit eines jeden beliebigen Punktes A im Abstande $\overline{PA} = r$ vom Pol

$$v = r \cdot \omega$$

und senkrecht zu $\overline{PA}$ gleichsinnig mit der Drehung. Tragen wir sonach die Geschwindigkeiten der Punkte auf einem Polstrahl als

Vektoren auf, so liegen die Endpunkte der Vektoren ebenfalls auf einem Polstrahl. Der mit dem Pol augenblicklich zusammenfallende Punkt M der Ebene hat die Geschwindigkeit Null, während der Pol P selbst, da er seine Lage gegen die bewegte Ebene E fortwährend ändert, eine Geschwindigkeit — die sogenannte Wechselgeschwindigkeit des Momentanzentrums — besitzt, deren Größe von ganz anderen Umständen bedingt wird. Ist z. B. die bewegte Polkurve μ ein Kreis, der auf einer Geraden rollt, so hat die erwähnte Wechselgeschwindigkeit des Poles die gleiche Größe und Richtung wie die Geschwindigkeit des Kreismittelpunktes, was bei der Bewegung eines Wagenrades unmittelbar zur Anschauung gelangt.

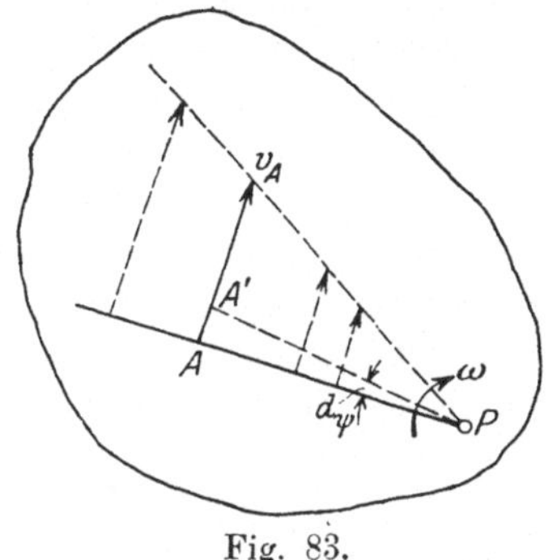

Fig. 83.

Die Geschwindigkeiten aller Punkte der Ebene sind hiernach in jeder ihrer Lagen bestimmt durch den Pol und die Winkelgeschwindigkeit. Und umgekehrt ist die Winkelgeschwindigkeit völlig bestimmt durch die Geschwindigkeit irgend eines Punktes der Ebene und die Lage des Poles.

Die Geschwindigkeiten der Punkte Γ einer Geraden γ haben die Eigenschaft, daß ihre Komponenten in Richtung der Geraden sämtlich einander gleich sind, und zwar gleich der Geschwindigkeit v_γ des Fußpunktes Γ_0 des Lotes $\overline{P\Gamma_0}$ auf die Gerade γ (s. Fig. 84). Denn die Punkte Γ der Geraden sind unter sich starr verbunden und müssen sich deshalb in Richtung der Geraden mit der gleichen Geschwindigkeit bewegen. Da Γ_0 der Punkt ist, in dem γ die Hüllbahn c dieser Geraden berührt, also auf c gleitet, so nennt man Γ_0

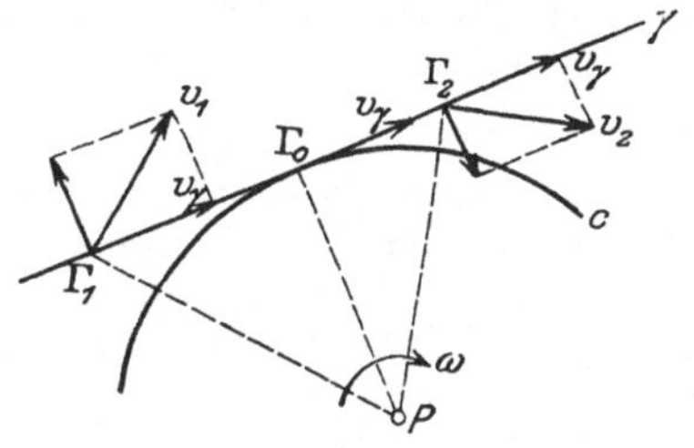

Fig. 84.

den Gleitungspunkt der Geraden und v_γ die Gleitungsgeschwindigkeit von γ; letztere wird sonach

$$v_\gamma = \overline{P\Gamma_0} \cdot \omega.$$

Die gleiche Beziehung gilt auch für die Gleitungsgeschwindigkeit jedes beliebigen Hüllkurvenpaares (γ, c) (s. Fig. 85). Denn der Berührungspunkt Γ_0 beschreibt bei der Drehung der Ebene das gleiche

Bahnelement $\overline{P\Gamma_0} \cdot d\psi$, ob er nun einer Geraden oder einer beliebigen Hüllkurve γ angehört.

Die zeichnerische Ermittlung der Geschwindigkeiten der Punkte in einer Ebene gestaltet sich am einfachsten bei Verwendung der sog. senkrechten oder orthogonalen Geschwindigkeiten. Man versteht unter letzteren die um einen rechten Winkel im einen oder anderen Sinne gedrehten Geschwindigkeitsvektoren, wie das Fig. 86 zeigt. Die Geschwindigkeit v_1 des Punktes Γ_1, nach einem beliebigen Maßstab durch eine Strecke im Sinne der Bewegung von Γ_1 dargestellt, ist dort von links nach rechts um 90^0 ge-

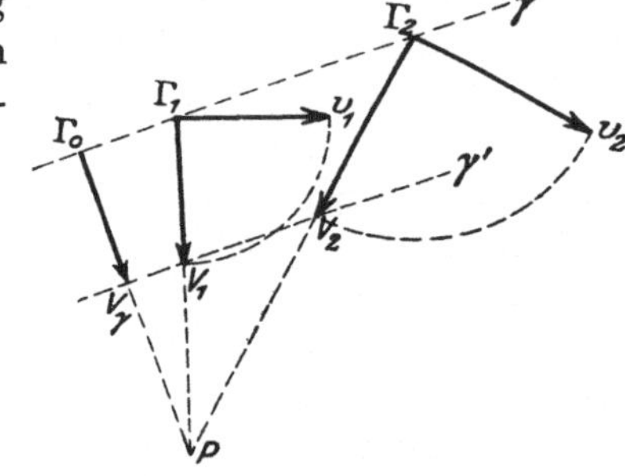

Fig. 85.   Fig. 86.

dreht, also aus der Bahntangente in die Bahnnormale nach dem Pol P hin gerichtet. Dieser gedrehte Vektor, die senkrechte Geschwindigkeit von Γ_1, soll künftig mit V_1 bezeichnet werden. Die Geschwindigkeiten aller Punkte der Ebene sind dann im gleichen Sinne zu drehen, so daß die Endpunkte der senkrechten Geschwindigkeitsvektoren auf dem Polstrahl nach dem Pol hin liegen.

Bezeichnet V_2 die senkrechte Geschwindigkeit eines beliebigen weiteren Punktes Γ_2 der Ebene, so läßt sich einfach beweisen, daß die Verbindungslinie $V_1 V_2$ der Endpunkte beider Vektoren parallel ist der Geraden $\Gamma_1 \Gamma_2$. Denn da (s. Fig. 86)

$$v_1 = V_1 = \overline{P\Gamma_1} \cdot \omega, \qquad v_2 = V_2 = \overline{P\Gamma_2} \cdot \omega,$$

so folgt

$$\overline{PV_1} : \overline{PV_2} = \overline{P\Gamma_1}(1-\omega) : \overline{P\Gamma_2}(1-\omega) = \overline{P\Gamma_1} : \overline{P\Gamma_2}$$

und damit der Beweis der obigen Behauptung

$$\overline{V_1 V_2} \parallel \overline{\Gamma_1 \Gamma_2},$$

weil $\triangle P V_1 V_2 \sim \triangle P \Gamma_1 \Gamma_2$ ist. Es liegen sonach die Endpunkte der Vektoren V aller Punkte auf der Geraden $\Gamma_1 \Gamma_2$ in einer Parallelen zu letzterer, wie man sofort erkennt, wenn man für einen beliebigen Punkt Γ_3 auf $\Gamma_1 \Gamma_2$ den zugehörigen Vektorendpunkt V_3 mittels der

Beziehung $V_1 V_3 \parallel \Gamma_1 \Gamma_3$ zeichnerisch bestimmt. Der aus diesen Betrachtungen folgende Satz: Die Endpunkte der senkrechten Geschwindigkeiten der Punkte einer Geraden liegen auf einer Parallelen zu letzterer läßt brauchbare Folgerungen zu.

Bezeichnen γ und γ' die beiden Parallelen (s. Fig. 86), so entspricht deren Abstand die Gleitungsgeschwindigkeit $v_\gamma = V_\gamma$ der Geraden γ, denn er stellt zugleich die senkrechte Geschwindigkeit des Gleitungspunktes Γ_0 der Geraden γ dar. Es läßt sich sonach V_γ zeichnerisch sehr einfach aus der senkrechten Geschwindigkeit irgend eines Punktes der Ebene ermitteln. Ebenso einfach erhält man die Gleitungsgeschwindigkeit V_γ eines Hüllkurvenpaares als die senkrechte Geschwindigkeit des Gleitungspunktes.

Ferner lassen sich nicht nur die senkrechten Geschwindigkeiten der Punkte der Ebene aus einer derselben bei gegebener Pollage ermitteln, sondern auch aus einer Geschwindigkeit und der Richtung der Geschwindigkeit eines zweiten Punktes. Es sei V_1 (s. Fig. 87), die senkrechte Geschwindigkeit von Γ_1, und die Richtung von V_2 des Punktes Γ_2 bekannt, dann findet man zunächst die Größe von V_2, indem man $V_1 V_2 \parallel \Gamma_1 \Gamma_2$ zieht. Für jeden weiteren Punkt Γ_3 der Ebene erhält man dann

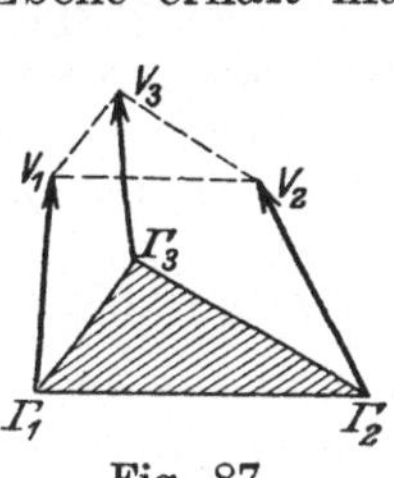
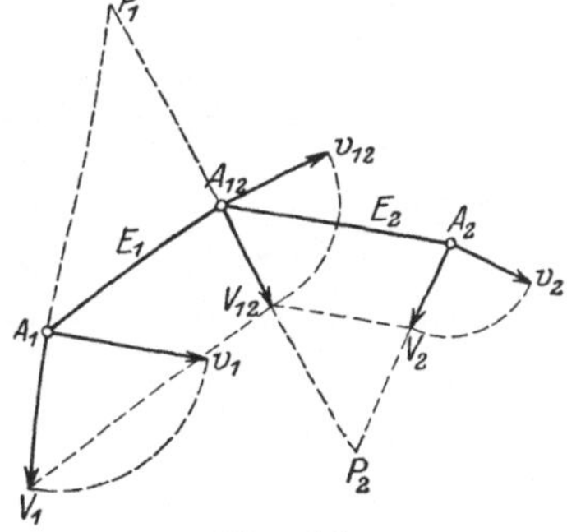

Fig. 87.   Fig. 88.

die senkrechte Geschwindigkeit V_3 im Schnittpunkt der Parallelen zu $\Gamma_1 \Gamma_3$ und $\Gamma_2 \Gamma_3$. Die Punkte V_k bilden sonach ein dem System der Punkte Γ_k ähnliches und ähnlich liegendes System.

Eine recht einfache Lösung mittels der senkrechten Geschwindigkeiten erfährt die folgende Aufgabe. Zwei Ebenen E_1 und E_2 haben einen Punkt A_{12} (s. Fig. 88) gemeinsam, d. h. sie drehen sich gegeneinander gelenkartig um ihn. Ferner wird der Punkt A_1 der Ebene E_1 auf einer Kurve a_1 mit der Geschwindigkeit v_1 und der Punkt A_2 von E_2 auf a_2 mit der Geschwindigkeit v_2 sich zu bewegen gezwungen. Dadurch erhält A_{12} eine ganz bestimmte Bewegung, deren Geschwindigkeit v_{12} ermittelt werden soll. Zu dem Ende drehen wir v_1 und v_2 in Vektorform im gleichen Sinn um 90^0, zeichnen also die senkrechten Geschwindigkeiten V_1 und V_2 der Punkte A_1 und A_2 und legen durch V_1 die Parallele zu $\overline{A_1 A_{12}}$, durch V_2 die zu $\overline{A_2 A_{12}}$; beide Parallelen schneiden sich dann im Endpunkte der senkrechten Geschwindigkeit V_{12} des Punktes A_{12}, wie aus dem bewiesenen Satze unmittelbar hervorgeht. Die erhaltene senkrechte Geschwindigkeit V_{12} liegt in der Bahnnormalen des Punktes A_{12}; folglich schneiden sich die Bahnnormalen der Punkte A_1 und A_{12} im Pol P_1 der Ebene E_1 und die von A_2 und A_{12} im Pol P_2 der Ebene E_2. Da der Pol der Bewegung von E_2 gegen E_1 dauernd in A_{12} liegt, so erkennen wir, daß die drei Pole der Bewegungen der Ebenen E_1 und E_2 gegen die ruhende Bezugsebene und gegeneinander in einer Geraden liegen.

Endlich sei noch darauf hingewiesen, daß die senkrechten Geschwindigkeiten sich auch für die Aufzeichnung der Geschwindigkeitspläne sehr vorteilhaft erweisen. Bei den V-Plänen (s. Kap. 5) ist das unmittelbar ersichtlich, denn diese beruhen ja auf der Verwertung der senkrechten Geschwindigkeiten. Hinzu kommt, daß der bewiesene Satz noch besondere Vorteile gewährt, wie u. a. das Beispiel des Gelenkviereckes zeigt. Es sei (Fig. 89) $K_1 A_1 A_2 K_2$ ein solches und V_1 die senkrechte Geschwindigkeit von A_1; dann findet man sofort V_2, indem man $V_1 V_2 \parallel A_1 A_2$ zieht. Durch Wiederholung dieses einfachen Verfahrens für eine Reihe von Lagen des Punktes A_2 erhält man die entsprechende Anzahl von Punkten der Schaulinie ε, die den V-Plan von A_2 darstellt. Letzterer liegt der Fig. 52 zugrunde; Punkt B_2 dort deckt sich hier mit V_2.

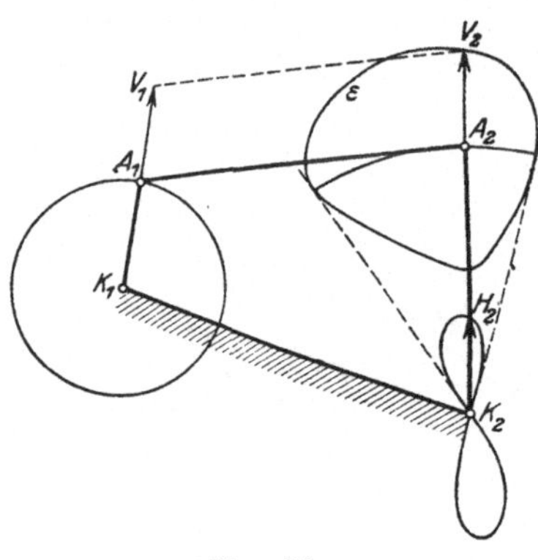

Fig. 89.

Den Hodographen ersetzen wir zweckmäßig durch den der senkrechten Geschwindigkeiten, der sich von dem gewöhnlichen nur dadurch unterscheidet, daß er um den Pol des Hodographen um 90° gedreht erscheint. In Fig. 89 ist er für den Punkt A_2 ebenfalls eingetragen, und zwar mit K_2 als Pol. Es ist das derselbe Hodograph, den auch Fig. 52 enthält.

Zehntes Kapitel.

Zusammensetzung von Elementarbewegungen starrer Körper.

Es sei A (s. Fig. 90) ein Punkt, der gegen einen starren Körper K eine bestimmte Bewegung vollzieht, also gegen K sich auf der Bahn a_k mit einer gewissen Geschwindigkeit v_a bewegt. Hierbei nehme A zu den Zeiten t, t_1, t_2, ... die Lagen K in K_1, K_2, ... ein. Der Körper K bewege sich aber auch, und zwar gegen den Bezugskörper K_0 in vorgeschriebener Weise, wobei die Körperpunkte K, K_1, K_2, ... die Bahnen k, k_1, k_2, ... mit den Geschwindigkeiten v_k, v_{k1}, v_{k2}, ... durchlaufen mögen. Demzufolge werden die Körperpunkte K, K_1, K_2, ... zu den Zeiten t, t_1, t_2, ... ebenfalls in bestimmten Lagen auf den Kurven k, k_1, k_2, ... sein müssen, so z. B. der Punkt K in den Lagen K, K', K'', ..., der Punkt K_1 in K_1, K_1', K_2'', ... usf. Daraus geht hervor, daß die Bahnkurve a_k, da sie dem starren Körper K angehört, zu den genannten Zeiten in bestimmten Lagen gegen K_0 sein muß, nämlich in a_k, a_k', a_k'', ... Während der Zeit $t_1 - t$ bewegt sich A nach K_1 und gleichzeitig a_k nach a_k'; es gelangt folglich A in die Lage A' auf dem Körper, welche mit der Lage des Körperpunktes K_1 zur Zeit t' zusammen fällt, d. i. mit K_1'. Oder anders ausgesprochen: Die Lage A' des

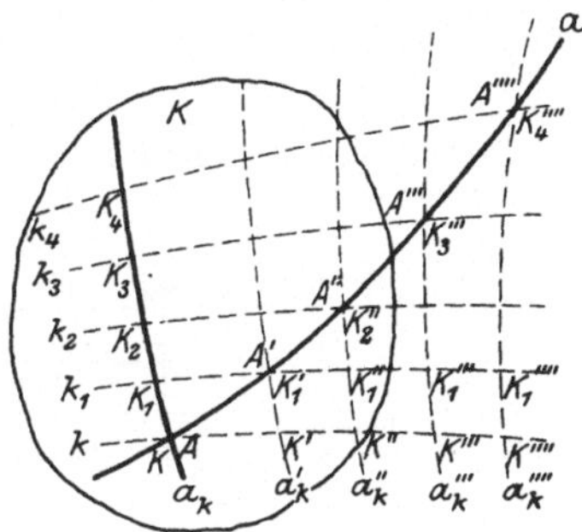

Fig. 90.

Punktes A zur Zeit t' befindet sich im Schnittpunkte der Kurven a_k' und k_1. Dauert die Bewegung nur eine unendlich kleine Zeit dt, so werden die Bahnstrecken KK' und KK_1 zu Bahnelementen $\overline{KK'}$ und $\overline{KK_1}$, die in den Tangenten der Bahnen k bzw. a_k liegen. Dann bildet die Figur $KK'K_1'K_1$ ein unendlich kleines Parallelogramm, weil A in seine neue Lage A' sowohl gelangt, wenn A erst mit dem Körperpunkte K das Wegelement $\overline{KK'}$ und danach seinen Weg $\overline{K'K_1'}$ auf a_k' durchläuft, als auch, wenn A erst auf dem Körper K seinen Weg $\overline{KK_1}$ beschreibt und dann auf K in Ruhe bleibend sich mit dem Körperpunkte K_1 nach K_1' bewegt. Die Diagonale dieses Parallelogrammes, das das **Parallelogramm der Wege** genannt wird, stellt den Weg dar, den der Punkt A gegen den Bezugskörper beschreibt. Man kann sonach das Bahnelement $\overline{AA'}$ auch erhalten, wenn man die beiden Wegstrecken $\overline{KK'}$ und $\overline{KK_1}$ geometrisch addiert, also

$$\overline{AA'} = \overline{KK'} \widehat{+} \overline{KK_1}$$

setzt. Die Ermittlung des Wegelementes $\overline{AA'}$ durch das Parallelogramm der Wege nennt man die Zusammensetzung der Wegelemente $\overline{KK'}$ und $\overline{KK_1}$; sie läßt sich in folgendem Satz ausdrücken:

Vollzieht ein Punkt gegen einen bewegten Körper eine bestimmte Bewegung und letzterer eine solche gegen einen beliebigen Bezugskörper, so ist das Bahnelement, das der Punkt gegen den Bezugskörper beschreibt, nach Größe und Richtung gleich der Diagonale eines unendlich kleinen Parallelogrammes, dessen eine Seite der Weg des Punktes gegen den bewegten Körper und dessen andere der Weg des Körperpunktes, mit dem der bewegte Punkt augenblicklich zusammenfällt, gegen den Bezugskörper ist.

Denkt man sich in dieser Weise die Bahn a des Punktes A gegen K_0 als Bezugskörper entstanden, so findet sie sich in Fig. 90 als geometrischer Ort der Schnittpunkte entsprechender Kurven k und a_k.

Als Beispiel werde der freie Fall eines schweren Körpers in einem Eisenbahnwagen behandelt, falls letzterer eine geradlinige und gleichförmige Schiebung vollzieht. Die Kurven a_k werden hier Vertikalen, die Bahnen k

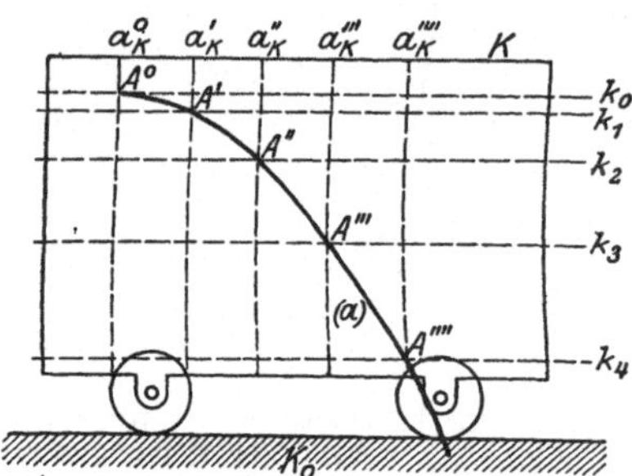

Fig. 91.

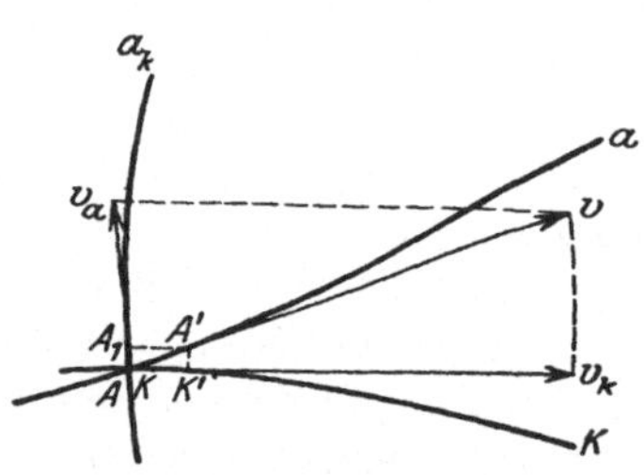

Fig. 92.

der Wagenpunkte Horizontalen (s. Fig. 91), und sonach ist die Bahn a des Punktes A gegen den Bahnkörper K_0 eine Parabel, denn die Horizontalabstände der Vertikalen a_k von a_k^0 sind proportional der Zeit, die Vertikalabstände der Horizontalen k von k_0 proportional dem Quadrate der Zeit. Übrigens erkennt man leicht, daß diese Parabel übereinstimmt mit der Wurfparabel im luftleeren Raume, falls der schwere Körper (A) als Anfangs- bzw. Wurfgeschwindigkeit die des Wagens erhält (s. S. 28, Fig. 27).

Für die Zusammensetzung von Bewegungen viel geeigneter als das Parallelogramm der Wege ist das entsprechende Parallelogramm der Geschwindigkeiten, das dem ersteren ähnlich und ähnlich gelegen ist. Setzen wir (s. Fig. 92) $\overline{AA_1} = dv_a$, $\overline{KK'} = dv_k$ und

$\overline{AA'} = du$, und beachten, daß diese drei Wege in derselben Zeit dt durchlaufen werden; bezeichnen wir ferner mit

$$v_a = \frac{du_a}{dt}$$ die Geschwindigkeit der Bewegung des Punktes A

gegen den Körper K,

$$v_k = \frac{du_k}{dt}$$ die Geschwindigkeit der Bewegung des augenblicklich

mit A zusammenfallenden Körperpunktes K gegen den Bezugskörper K_0,

$$v = \frac{du}{dt}$$ die Geschwindigkeit des Punktes A gegen K_0

zur Zeit t, so folgt aus der Beziehung für $\overline{AA'}$, d. i. aus

$$(57) \qquad du = du_a \,\widehat{+}\, du_k$$

sofort

$$(58) \qquad v = v_a \,\widehat{+}\, v_k .$$

Diese Beziehung sagt aus, daß die Geschwindigkeit v, mit der sich der Punkt A gegen den Bezugskörper zur Zeit t bewegt, nach Größe und Richtung dargestellt wird durch die Diagonale eines Parallelogrammes, dessen eine Seite die Geschwindigkeit v_a der Bewegung von A gegen K, und dessen andere die Geschwindigkeit v_k des Körperpunktes gegen K_0 darstellt, mit dem A augenblicklich zusammenfällt, vorausgesetzt, daß die drei Geschwindigkeiten nach demselben Maßstab durch Vektoren dargestellt werden.

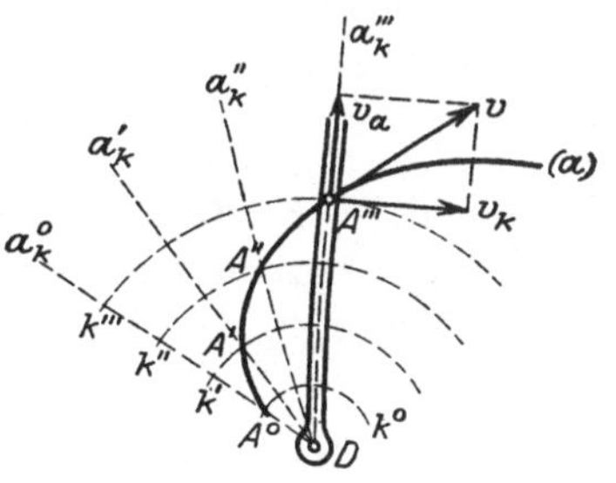

Fig. 93.

Beispiel: In einer geradlinigen Röhre (s. Fig. 93), die sich in horizontaler Ebene um eine vertikale Achse D gleichförmig dreht, bewege sich eine kleine Kugel A gleichförmig mit der Geschwindigkeit c. Bezeichnet ω_0 die Winkelgeschwindigkeit der Drehung und r den augenblicklichen Abstand $\overline{DA}$ des Punktes A von der Drehachse, so ist $v_k = r \cdot \omega_0$, und zwar senkrecht zur Röhre. Andererseits hat man hier $v_a = c$ zu setzen, und so wird

$$v = \sqrt{v_a{}^2 + v_k{}^2} = \sqrt{c^2 + r^2\,\omega_0{}^2}$$

und

$$\tan (v, v_a) = \frac{v_k}{v_a} = r \cdot \frac{\omega_0}{c} .$$

Es ändert sich folglich Größe und Richtung von v mit dem Abstande r. Die Bahn a des Punktes A gegen K_0 ist eine Archimedessche Spirale, wie man leicht erkennt.

Die Ermittlung der Geschwindigkeit v durch das Parallelogramm der Geschwindigkeiten nennt man die Zusammensetzung der Geschwindigkeiten zweier Bewegungen oder auch kürzer die zweier Bewegungen.

Die umgekehrte Aufgabe der Zusammensetzung zweier Bewegungen ist die sog. Zerlegung einer Bewegung in zwei andere. Man versteht darunter die Ermittlung der Bewegung des Punktes A gegen den Körper K, wenn die Bewegungen von A und K gegen den Bezugskörper K_0 gegeben sind. Diese Aufgabe stellt sich unter Benutzung der entsprechenden Geschwindigkeiten so dar, daß aus v und v_k die Geschwindigkeit v_a zu ermitteln ist; sie wird unmittelbar gelöst durch das Parallelogramm der Geschwindigkeiten, von dem eine Seite (v_k) und die Diagonale (v) gegeben sind, denn die dritte Seite des von den Vektoren v_k und v gebildeten Dreiecks ist die gesuchte Geschwindigkeit v_a in Vektordarstellung.

Die aus (58) folgende vektorielle Lösung für v_a, nämlich

$$v_a = v \mathbin{\widehat{-}} v_k,$$

gestattet aber noch eine andere Lösung, welche auf eine Zusammensetzung führt und damit auf eine einheitliche Lösung aller derartiger Aufgaben. Bezeichnen wir die v_k entgegengesetzt gleiche Geschwindigkeit mit $(-v_k)$, so läßt sich auch

$$v_a = v \mathbin{\widehat{+}} (-v_k)$$

schreiben, d. h. durch Zusammensetzung von v mit $(-v_k)$ mittels des Parallelogrammes der Geschwindigkeiten erhält man die Geschwindigkeit v_a der Bewegung des Punktes A gegen den Körper K, und diese Lösung gibt Fig. 94 wieder. Es ist also v_a die Diagonale eines Parallelogramms, dessen Seiten v und $(-v_k)$ [darstellen, weil $(-v_k) \mathbin{\text{⧦}} v_k$ ist.

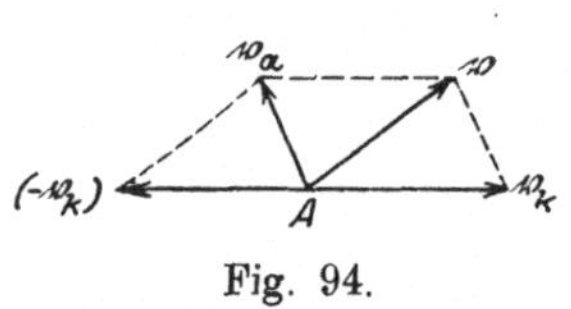

Fig. 94.

Dieser letzteren Lösung liegt die folgende sehr anschauliche Auffassung zugrunde. Bringt man den Körper K dadurch zur Ruhe, daß man dem Bezugskörper K_0 die entgegengesetzt gleiche Bewegung von K erteilt, dann erhält der Punkt von K_0, der augenblicklich mit A zusammenfällt, die Geschwindigkeit $(-v_k)$. Folglich bewegt sich nach dem Vorhergehenden A gegen den nunmehr ruhenden Körper K mit der Geschwindigkeit, die sich durch Zusammensetzung von v und $(-v_k)$ ergibt, d. i. mit der Geschwindigkeit $v \mathbin{\widehat{+}} (-v_k) = v_a$. Diese Geschwindigkeit würde ein Beobachter wahrnehmen, der auf K sich in Ruhe befindet.

In dem Parallelogramm der Geschwindigkeiten besitzen wir ein einfaches Hilfsmittel, um die angestellten Betrachtungen auf den Fall auszudehnen, daß an die Stelle des Punktes A ein starrer Körper tritt, vorausgesetzt, daß wir uns auf Elementarbewegungen starrer Körper beschränken. Denn es leuchtet ohne weiteres ein, daß der Punkt A irgendein Punkt eines starren Körpers sein und folglich der angegebene Weg zur Ermittlung der Geschwindigkeit v auf alle Punkte dieses Körpers angewendet werden kann. Diese Überlegung gestattet uns, sofort die folgende Aufgabe zu lösen: Es ist die Elementarbewegung eines starren Körpers K_1 gegen den Körper K_3 zu ermitteln aus den bekannten Bewegungen von K_1 gegen einen Körper K_2 und von K_2 gegen K_3.

Zur Lösung dieser Aufgabe bezeichnen wir die Geschwindigkeit eines beliebigen Punktes A_1 des Körpers in seiner Bewegung gegen K_2 mit v_{12}, die Geschwindigkeit des mit A_1 augenblicklich zusammenfallenden Punktes A_2 des Körpers K_2 in seiner Bewegung gegen K_3 mit v_{23}, dann ist nach dem Vorausgegangenen die Geschwindigkeit v_{13}, mit der sich A_1 gegen K_3 bewegt, durch Zusammensetzung von v_{12} und v_{23} zu erhalten, d. h. es ist

$$(59) \qquad\qquad \dot{v}_{13} = v_{12} \mathbin{\widehat{+}} v_{23}.$$

Da die Bewegung eines starren Körpers durch die Bewegungen dreier seiner Punkte, die nicht in einer Geraden liegen, völlig bestimmt wird, so ermitteln wir die Geschwindigkeit v_{13} für drei Punkte des Körpers K_1 in der vorstehenden Weise und erhalten damit den Geschwindigkeitszustand der augenblicklichen Elementarbewegung von K_1 gegen K_3.

Beachten wir, daß drei Körper sechs Bewegungen gegeneinander ausführen, nämlich K_1 gegen K_2 und K_3, K_2 gegen K_3 und K_1, und K_3 gegen K_1 und K_2, so hat jeder der drei zusammenfallenden Punkte A_1, A_2 und A_3 der drei Körper zwei Geschwindigkeiten, nämlich A_1 die Geschwindigkeiten v_{12} und v_{13} gegen K_2 bzw. K_3, A_2 die Geschwindigkeiten v_{23} und v_{21} gegen K_3 bzw. K_1, und A_3 die Geschwindigkeiten v_{31} und v_{32} gegen K_1 bzw. K_2. Nun ist leicht ersichtlich, daß v_{21} gleich v_{12}, aber entgegengesetzt gerichtet ist, denn es entfernt sich A_2 von A_1 im entgegengesetzten Sinne, aber um die gleiche Strecke wie A_1 von A_2. Aus dem gleichen Grunde ist ferner $v_{31} = v_{13}$ und $v_{32} = v_{23}$. Sonach bilden die sechs Vektoren ein Sechseck mit parallelen Gegenseiten (s. Fig. 95), das das Geschwindigkeitssechseck jener drei Elementarbewegungen genannt wird.

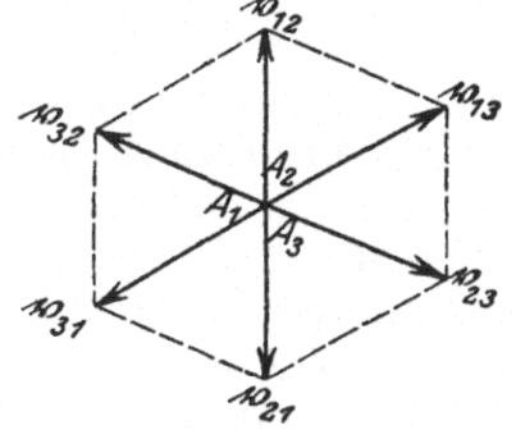

Fig. 95.

Die Umkehrung der behandelten Aufgabe, nämlich die Bewegung von K_1 gegen K_2 zu ermitteln, wenn die Bewegungen von K_1 und K_2 gegen K_3 bekannt sind, welche man die Zerlegung der Bewegung von K_1 gegen K_3 nennt, führt zu keiner abweichenden Lösung, da sich ja die Zerlegung auf eine Zusammensetzung zurückführen läßt.

Welcher Art die Bewegung von K_1 gegen K_3 wird, die sich durch die Zusammensetzung der Elementarbewegungen von K_1 gegen K_2 und K_2 gegen K_3 ergibt, läßt sich im allgemeinen zunächst nicht feststellen. Wohl aber ist das der Fall, wenn die zusammenzusetzenden Bewegungen die aus dem 8. Kapitel uns bekannten Schiebungen und Drehungen sind. Auf die wichtigsten der da möglichen Fälle soll im folgenden eingegangen werden.

1. Zusammensetzung von zwei und mehreren Schiebungen.

Der Körper K_1 vollziehe eine Schiebung mit der Geschwindigkeit v_{12} gegen K_2, und K_2 eine solche mit v_{23} gegen K_3. Da die Geschwindigkeiten aller Körperpunkte bei einer Schiebung nach

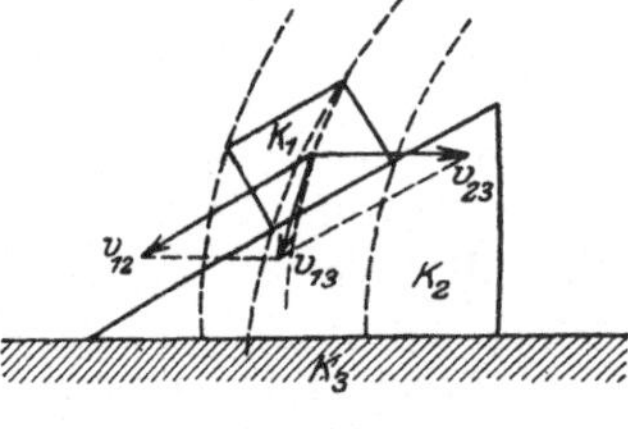
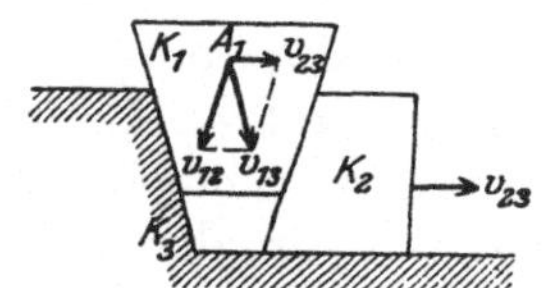

Fig. 96.
Fig. 97.

Größe und Richtung die gleichen sind, so wird auch die Geschwindigkeit v_{13} nach (59) die gleiche für alle Punkte von K_1, womit erkannt wird, daß die Elementarbewegung von K_1 gegen K_3 eine Schiebung mit der Geschwindigkeit v_{13} ist.

Beispiel: Ein Körper K_1 vollziehe eine geradlinige Schiebung auf der ebenen Begrenzungsfläche eines Körpers K_2, der auf horizontaler Ebene gegen K_3 eine geradlinige Schiebung ausführt (s. Fig. 96). Zu irgendeiner Zeit t seien die Schiebungsgeschwindigkeiten (die sich auf Grund dynamischer Betrachtungen bestimmen lassen) v_{12} bzw. v_{23}. Dann vollzieht K_1 gegen K_3 eine im allgemeinen krummlinige Schiebung mit der Geschwindigkeit $v_{13} = v_{12} \stackrel{\frown}{+} v_{23}$, wobei alle Punkte von K_1 kongruente gleichliegende Bahnkurven beschreiben.

Als Beispiel für die Zerlegung einer Schiebung diene die Keilkette (s. Fig. 97). In dieser sind die Schiebungsrichtungen durch die Ebenen bestimmt, in denen sich die drei Körper berühren, ferner ist eine der Schiebungsgeschwindigkeiten, z. B. v_{13}, gegeben. Zerlegen wir letztere mittels des Parallelogrammes in Komponenten in den beiden anderen Schubrichtungen, so sind letztere die Schiebungsgeschwindigkeiten von K_1 gegen K_2 und von K_2 gegen K_3, nämlich v_{12} und v_{23}.

Als weiteres Beispiel hierzu werde der beistehend skizzierte Mechanismus (s. Fig. 98) betrachtet, in dem eine Kurbel K sich gegen das ruhende Gestell K_3 des Mechanismus um die Achse D dreht. Im Endpunkte A_1 sei sie gelenkig mit dem Körper K_1 verbunden, der als sog. Stein in einer geradlinigen Kulisse K_2 gegen letztere eine geradlinige Schiebung auszuführen gezwungen ist. Andererseits wird K_2 durch entsprechende bewegliche Verbindungen mit K_3 so geführt, daß seine Bewegung ebenfalls eine geradlinige Schiebung in vorgeschriebener Richtung ist. Da die Geschwindigkeit v_{13}, mit der sich A_1 gegen K_3 bewegt, senkrecht zu $\overrightarrow{A_1 D}$ und gleich $\overline{A_1 D} \cdot \omega$ sein muß — unter ω die Winkelgeschwindigkeit der Kurbel verstanden —, also eine gegebene ist, so zerlegen wir diese mittels des Parallelogramms in die Komponenten v_{12} und

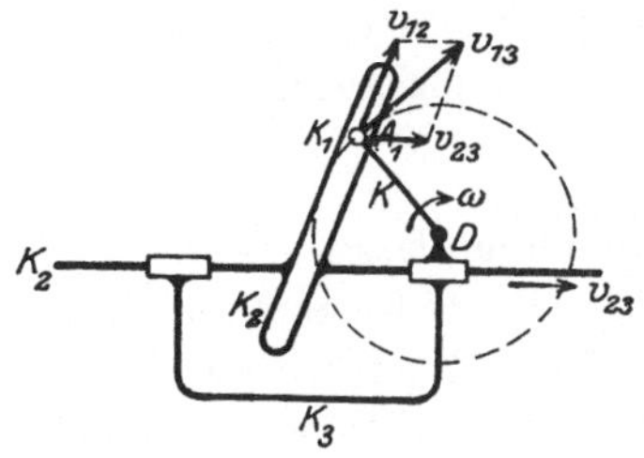

Fig. 98.

v_{23} in beiden Schubrichtungen und erhalten damit die gesuchten Schiebungsgeschwindigkeiten von K_1 gegen K_2 und von K_2 gegen K_3. Daß bei dieser Bewegung K_1 eine krummlinige Schiebung gegen K_3 ausführt, und zwar alle Punkte kongruente Kreise beschreiben, ist leicht ersichtlich.

In der angegebenen Weise lassen sich beliebig viele Elementarschiebungen zusammensetzen, und zwar am kürzesten durch die geometrische Addition der Schiebungsgeschwindigkeiten. So erhalten wir, wenn z. B. K_3 gegen einen Körper K_4 eine Schiebung ausführt, das Ergebnis, daß dann auch K_1 gegen K_4 eine Schiebung vollzieht, deren Geschwindigkeit

$$v_{14} = v_{13} \mathbin{\widehat{+}} v_{34} = v_{12} \mathbin{\widehat{+}} v_{23} \mathbin{\widehat{+}} v_{34}$$

ist. Die Ausdehnung dieser Betrachtung auf n Körper macht ersichtlich, daß der Körper K_1 gegen K_n eine Schiebung mit der Geschwindigkeit

$$v_{1n} = v_{12} \mathbin{\widehat{+}} v_{23} \mathbin{\widehat{+}} \ldots \mathbin{\widehat{+}} v_{n-1,\,n}$$

ausführt, die vektoriell als die Schlußlinie eines Polygons der Schiebungsgeschwindigkeiten (s. Fig. 99) erhalten wird, dessen Seiten die einzelnen Schiebungsgeschwindigkeiten nach Größe und Richtung darstellen.

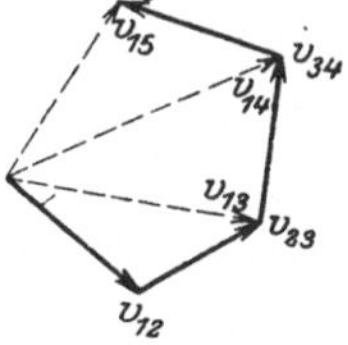

Umgekehrt läßt sich jede Schiebung in beliebig viele Schiebungen von vorgeschriebenen Richtungen zerlegen, doch führt diese Zerlegung zu einer eindeutigen, also bestimmten Lösung nur in dem Falle, daß die Zahl der Schiebungskomponenten drei beträgt und die Schiebungsrichtungen nicht einer Ebene parallel sind. Denn nur dann erhalten wir die Schiebungsgeschwindigkeiten in den Kanten eines Parallelepipedes,

Fig. 99.

dessen Diagonale die gegebene Schiebungsgeschwindigkeit des Körpers gegen den Bezugskörper darstellt.

Besonders häufig wird die Zerlegung einer Schiebung in drei Schiebungen in Richtung der drei Achsen eines rechtwinkligen Koordinatensystems benutzt, bei der sich die einzelnen Schiebungsgeschwindigkeiten in der Form

$$v_x = v \cdot \cos \alpha_x, \qquad v_y = v \cdot \cos \alpha_y, \qquad v_z = v \cdot \cos \alpha_z$$

berechnen lassen, falls v die Geschwindigkeit des Körpers K gegen das Koordinatensystem bezeichnet und α_x, α_y, α_z die Winkel zwischen v und den Koordinatenachsen. Man muß sich dann v_x als Schiebungsgeschwindigkeit eines ideellen Körpers K_x gegen das Koordinatensystem vorstellen, ferner v_y als die eines Hilfskörpers K_y gegen K_x, und endlich v_z als die Schiebungsgeschwindigkeit von K gegen K_y.

2. Zusammensetzung einer Drehung und einer Schiebung parallel der Drehachse.

Es drehe sich K_1 um die Achse D_{12} mit der Winkelgeschwindigkeit ω_{12} gegen den Körper (Rahmen) K_2 (s. Fig. 100), der eine Schiebung mit der Geschwindigkeit v_{23} gegen den Bezugskörper K_3 in Richtung der Drehachse D_{12} ausführt. Ein beliebiger Punkt A_1 von K_1 im Abstande r_1 von der Drehachse hat demzufolge gegen K_2 die Geschwindigkeit $v_{12} = r_1 \omega_{12}$ senkrecht zur Ebene durch A_1 und D_{12} und der mit ihm zusammenfallende Punkt A_2 die Schiebungsgeschwindigkeit v_{23} gegen K_3, sonach A_1 gegen K_3 die Geschwindigkeit

$$v_{13} = v_{12} \mathbin{\widehat{+}} v_{23} = \sqrt{v_{12}^2 + v_{23}^2} = v_{23} \sqrt{1 + \left(\frac{\omega_{12}}{v_{23}}\right)^2 r_1^2},$$

welche mit der Drehachse den durch die Beziehung

$$\tan \alpha = \frac{\omega_{12}}{v_{23}} \cdot r_1$$

bestimmten Winkel α einschließt. Aus diesen beiden Beziehungen geht hervor, daß der Punkt A_1 gegen K_3 eine Schraubenlinie vom Steigungswinkel $\frac{\pi}{2} - \alpha$ beschreibt, die auf dem Kreiszylinder vom Radius r_1 mit D_{12} als Achse liegt, falls ω_{12} und v_{23} ungeändert bleiben. Eine derartige Bewegung des Körpers K_1 nennt man eine Schraubung, da sie völlig übereinstimmt mit der Bewegung einer Schraubenmutter auf einer Schrauben-

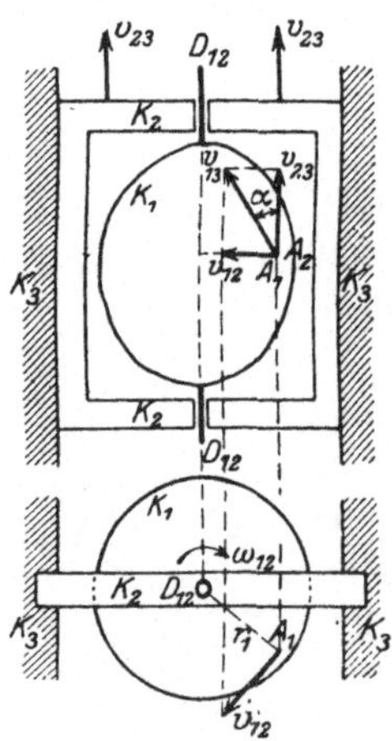

Fig. 100.

spindel. Die Gerade des Körpers K_3, mit der die Achse D_{12} zusammenfällt, heißt die Schraubenachse; sie werde mit S_{13} bezeichnet.

Erfolgt diese Bewegung nur eine unendlich kleine Zeit, so wird sie **Elementarschraubung** genannt und die Schraubenachse die **augenblickliche** oder auch **Momentan-Achse** der Schraubung. Bei der Elementarschraubung ist der Geschwindigkeitszustand genau derselbe wie bei der endlichen Schraubung, d. h. alle Punkte des Körpers auf einem Kreiszylinder um die Schraubenachse haben gleiche Geschwindigkeiten, die den Zylinder berühren und mit den Mantellinien denselben Winkel einschließen; letzterer sowie die Größe der Geschwindigkeiten ändern sich nach den zuvor angegebenen Beziehungen.

Derartige Elementarschraubungen führt z. B. ein schwerer Körper aus, der um eine vertikale Achse sich zu drehen gezwungen ist und im luftleeren Raum frei herabfällt. Dann bleibt die Winkelgeschwindigkeit der Drehung unveränderlich. während die Schiebungsgeschwindigkeit der Schraubung $v_{23} = g \cdot t$, d. h. proportional der Zeit wächst. Für alle Punkte des Körpers im Abstande r_1 von der Drehachse wird dann sowohl v_{13} als auch der Winkel α eine Funktion der Zeit bzw. des Ortes, und die Bahnen dieser Punkte werden Schraubenlinien mit sich änderndem Steigungswinkel.

Umgekehrt läßt sich eine jede Elementarschraubung in eine Drehung um die Schraubenachse und eine Schiebung in Richtung der letzteren zerlegen. Ist die Lage der momentanen Schraubenachse gegeben, so sind die Winkelgeschwindigkeit der Drehung und die Schiebungsgeschwindigkeit durch die Schraubengeschwindigkeit v_{13} eines beliebigen Punktes des Körpers und deren Winkel α mit der Achse eindeutig bestimmt. Denn es ist die Schiebungsgeschwindigkeit

$$v_{23} = v_{13} \cdot \cos \alpha$$

und die Winkelgeschwindigkeit der Drehung

$$\omega_{12} = \frac{v_{13} \sin \alpha}{r_1},$$

wie leicht ersichtlich.

3. **Zusammensetzung einer Drehung und einer Schiebung senkrecht zur Drehachse.**

Der Punkt A_1 (s. Fig. 101 u. 102, S. 91) des Körpers K_1 erhält infolge der Drehung von K_1 gegen K_2 die Geschwindigkeit $v_{12} = r_1 \cdot \omega_{12}$, falls r_1 den Abstand des Punktes von der Drehachse D_{12} bezeichnet, und zwar steht v_{12} senkrecht zur Ebene durch A_1 und D_{12}. Da der mit A_1 augenblicklich sich deckende Punkt A_2 von K_2 gegen K_3 die Schiebungsgeschwindigkeit v_{23} besitzt, so ist nach Früherem die

Geschwindigkeit von A_1 gegen K_3

$$v_{13} = v_{12} \widehat{+} v_{23},$$

nämlich die Diagonale des Parallelogramms, dessen Seiten v_{12} und v_{23} sind. Es gibt aber Punkte auf K_1, deren Geschwindigkeit $v_{13} = 0$ wird. Sie liegen offenbar in einer Ebene durch D_{12} senkrecht zur Schubrichtung, denn für diese wird $v_{13} = v_{12} \pm v_{23}$. Alle Punkte auf einer Parallelen zu D_{12} im Abstande x haben sonach die Geschwindigkeit $v_{13} = v_{23} - x \cdot \omega_{12}$, denn für sie ist $r_1 = x$. Wählen wir nun

$$x = \frac{v_{23}}{\omega_{12}},$$

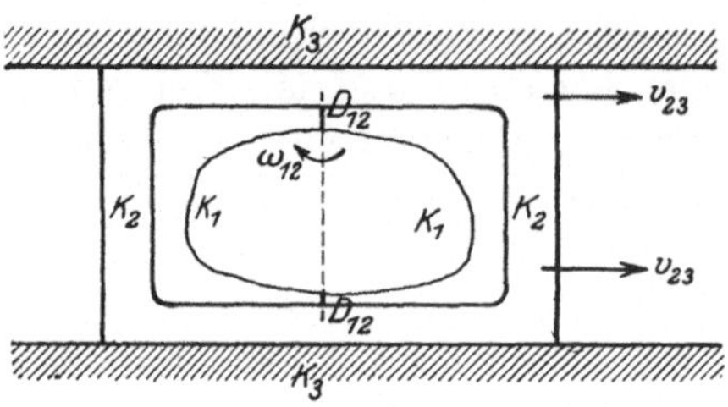

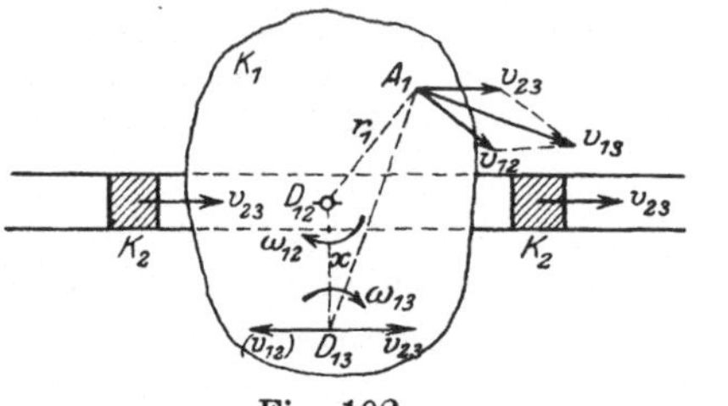

Fig. 101.

so wird $v_{13} = 0$, und hiermit folgt, daß K_1 gegen K_3 eine Drehung um jene Parallele vollzieht; sie werde mit D_{13} bezeichnet und die Winkelgeschwindigkeit dieser Drehung mit ω_{13}. Letztere findet sich aus der Geschwindigkeit, mit der sich die Punkte der Drehachse D_{12} gegen K_3 bewegen, und da diese gleich v_{23} ist, so folgt $v_{23} = x \cdot \omega_{13}$, somit

Fig. 102.

$$\omega_{13} = \frac{v_{23}}{x} = \omega_{12},$$

gleichsinnig mit ω_{12}. Wir erkennen sonach, daß die Zusammensetzung einer Drehung mit einer Schiebung senkrecht zur Drehachse wieder eine Drehung ergibt, und zwar um eine parallele Achse, welche mit der gegebenen in einer Ebene senkrecht zur Schubrichtung im Abstande $x = \dfrac{v_{23}}{\omega_{12}}$ nach der Seite hin liegt, die dem Drehsinn entspricht; die Winkelgeschwindigkeit der neuen Drehung ist nach Größe und Drehsinn der gegebenen gleich.

Als Beispiel eignet sich das des Wagenrades, das auf ebener Unterlage rollt. Ist K_1 (s. Fig. 103) das Rad, das sich um seine Achse D_{12} gegen den Wagenkörper K_2 mit ω_{12} dreht, und vollzieht K_2 eine Schiebung gegen den Erdkörper K_3 mit der Geschwindigkeit v_{23}, so liefert die Zusammensetzung beider Bewegungen eine Drehung um die Achse D_{13}, wie im allgemeinen Falle. Rollt das Rad aber auf der Unterlage, so geht die Achse D_{13} durch den Berührungspunkt B des Radumfanges mit der Unterlage, und es wird folglich $x = R_1$, d. i. gleich dem Radius des Rades. Damit findet sich

$$\omega_{12} = \omega_{13} = \frac{v_{23}}{R_1},$$

und mit dieser Winkelgeschwindigkeit dreht sich augenblicklich das Rad um die Achse D_{13}.

Umgekehrt läßt sich jede Drehung in eine Drehung um eine beliebig andere Achse und eine Schiebung senkrecht zur Ebene beider

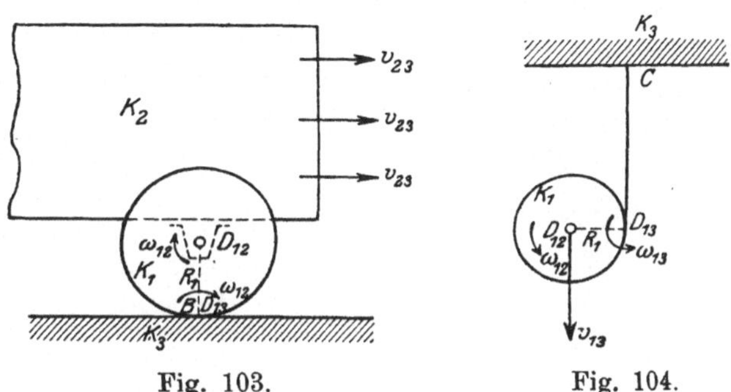

Fig. 103.Fig. 104.

Achsen zerlegen. Die Schiebungsgeschwindigkeit ist dann gleich dem Produkt aus dem Abstande der Achsen und der Winkelgeschwindigkeit der Drehung.

So führt z. B. ein Kreiszylinder mit horizontaler Achse, um den sich ein Band schlingt, dessen vertikal gehaltenes Ende C (s. Fig. 104) befestigt ist, gegen den Erdkörper K_3 eine Drehung um die Berührungslinie D_{13} von Band und Zylinder aus, wenn man ihn der Wirkung seiner Schwere überläßt. Hierbei bewegt sich die Zylinderachse D_{12} mit der Geschwindigkeit v_{13} vertikal nach abwärts. Diese Drehung kann man zerlegen in eine Drehung um die Achse D_{12} mit derselben Winkelgeschwindigkeit $\omega_{12} = \dfrac{v_{13}}{R_1} = \omega_{13}$ und eine Schiebung eines gedachten Körpers K_2 mit der Geschwindigkeit $v_{23} = v_{13}$.

4. Zusammensetzung einer Drehung mit einer beliebig gerichteten Schiebung.

Die Schiebung läßt sich in zwei Schiebungen in Richtung der Drehachse und einer Senkrechten zu ihr zerlegen. Setzt man zunächst letztere mit der Drehung zusammen, so erhält man eine Drehung um eine parallele Achse, die mit der Schiebung in Richtung der Drehachse zusammengesetzt eine Schraubung mit der neuen Drehachse als Schraubenachse ergibt.

Umgekehrt läßt sich jede Schraubung in eine Schiebung von beliebiger Richtung und eine Drehung um eine zur Schraubenachse parallele Achse zerlegen.

5. Zusammensetzung zweier Drehungen um sich schneidende Achsen.

Der Körper K_1 (s. Fig. 105) drehe sich um die Achse D_{12} mit der Winkelgeschwindigkeit ω_{12} gegen den Körper (Rahmen) K_2, der ge-

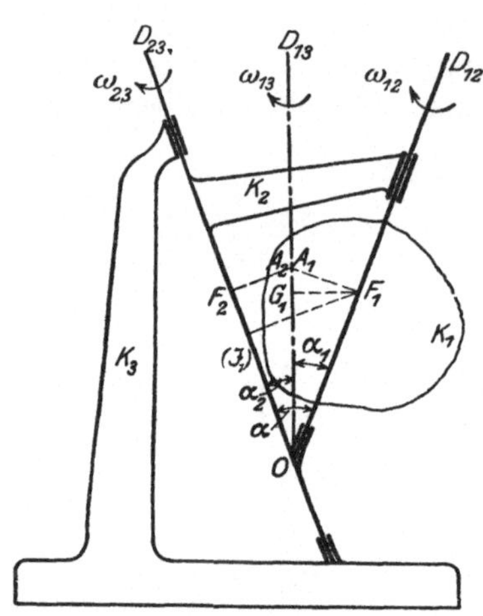

Fig. 105.

zwungen ist, sich um die Achse D_{23} gegen K_3 mit der Winkelschwindigkeit ω_{23} zu drehen; beide Achsen schneiden sich im Punkte O und schließen den Winkel α miteinander ein. Da der Punkt O bei beiden Drehungen in Ruhe bleibt, so muß die Bewegung von K_1 gegen K_3 eine Drehung um eine durch O gehende Achse sein. Ferner erkennt man leicht, daß die Beziehung (58) für Punkte in der Ebene beider Drehachsen in die einfachere

$$v_{13} = v_{12} \pm v_{23}$$

übergeht, weil die Geschwindigkeiten v_{12} und v_{23} beide senkrecht zu dieser Ebene stehen. Bezeichnet A_1 einen Punkt des Körpers K_1 in dieser Ebene und ist $\overline{A_1 F_1}$ das Lot ·auf der Achse D_{12}, so erhält man

$$v_{12} = \overline{A_1 F_1} \cdot \omega_{12} = \overline{O A_1} \cdot \sin \alpha_1 \cdot \omega_{12},$$

falls $\angle A_1 O F_1 = \alpha_1$ gesetzt wird. In gleicher Weise findet sich für den mit A_1 in Deckung befindlichen Punkt A_2 des Körpers K_2

$$v_{23} = \overline{A_2 F_2} \cdot \omega_{12} = \overline{O A_2} \cdot \sin \alpha_2 \cdot \omega_{23},$$

worin $\alpha_2 = \angle A_2 O F_2$. Wählen wir nun A_1 so, daß

$$v_{13} = \overline{O A_1} \cdot \sin \alpha_1 \cdot \omega_{12} - \overline{O A_2} \cdot \sin \alpha_2 \cdot \omega_{23} = 0$$

wird, und beachten, daß $\overline{O A_1} = \overline{O A_2}$ und von Null verschieden ist, so folgt, daß alle Punkte des Körpers K_1, für welche

$$(60) \qquad\qquad \omega_{12} \sin \alpha_1 = \omega_{23} \cdot \sin \alpha_2$$

ist, bei der Bewegung von K_1 gegen K_3 in Ruhe bleiben. Diese Punkte liegen auf einer durch O gehenden Geraden $\overline{O D_{13}}$, welche mit den beiden Drehachsen $\overline{O D_{12}}$ und $\overline{O D_{23}}$ die Winkel α_1 und α_2 einschließen. Unter Benutzung der Beziehung

$$\alpha_1 + \alpha_2 = \alpha$$

und der Bedingungsgleichung (60) erhält man leicht

$$(61) \qquad \tan \alpha_1 = \frac{\omega_{23} \sin \alpha}{\omega_{12} + \omega_{23} \cos \alpha}, \qquad \tan \alpha_2 = \frac{\omega_{12} \sin \alpha}{\omega_{12} \cos \alpha + \omega_{23}}.$$

Wir finden sonach, daß die Elementarbewegung von K_1 gegen K_3 eine Drehung um eine Achse $\overline{O D_{13}}$ ist, welche in der Ebene der beiden gegebenen Achsen liegt, durch deren Schnittpunkt O geht und mit ihnen die beiden vorher ermittelten Winkel α_1 und α_2 einschließt.

Um die Winkelgeschwindigkeit ω_{13} dieser Drehung zu finden, benutzen wir, daß jeder Punkt von K_2 auf D_{12}, z. B. der Punkt F_1, infolge der Drehung von K_2 um D_{23} die Geschwindigkeit

$$(v_{23}) = \overline{F_1 J_1} \cdot \omega_{23} = \overline{O F_1} \cdot \sin \alpha \cdot \omega_{23}$$

besitzt, die mit der der Bewegung von K_1 gegen K_3 nach Größe und Richtung übereinstimmt, weil das entsprechende $(v_{12}) = 0$ ist. Andererseits aber hat F_1 als Punkt von K_1 infolge der Drehung von K_1 um D_{13} die Geschwindigkeit

$$v_{13} = \overline{F_1 G_1} \cdot \omega_{13} = \overline{O F_1} \cdot \sin \alpha_1 \cdot \omega_{13};$$

es ist sonach

$$(v_{23}) = v_{13},$$

und folglich, weil $\overline{O F_1}$ von Null verschieden ist,

$$\omega_{23} \sin \alpha = \omega_{13} \sin \alpha_1.$$

Aus dieser Beziehung folgt in Verbindung mit dem Ausdruck für $\tan \alpha_1$ nach geringer Umformung leicht

$$(62\,\text{a}) \qquad \omega_{13} = \sqrt{\omega_{12}^2 + \omega_{23}^2 + 2\,\omega_{12}\,\omega_{23} \cos \alpha}$$

und damit

$$(62\,\text{b}) \qquad \sin \alpha_1 = \frac{\omega_{23}}{\omega_{13}} \sin \alpha, \qquad \sin \alpha_2 = \frac{\omega_{12}}{\omega_{13}} \cdot \sin \alpha.$$

Die vorstehenden Ausdrücke lassen erkennen, daß man Winkelgeschwindigkeiten in Form von Vektoren ebenso zusammensetzen kann wie Geschwindigkeiten. Stellt man nämlich jede Winkelgeschwindigkeit nach einem beliebigen Maßstabe durch eine Strecke dar, die man vom Schnittpunkt der Achsen aus nach der Seite hin auf der Drehachse aus aufträgt, von welcher aus gesehen die Drehung in einem bestimmten Sinne erfolgt, z. B. im Sinne der Drehung des Uhrzeigers, also von links nach rechts, so bildet der Vektor $\mathfrak{w}_{13}$ die Diagonale eines Parallelogramms (s. Fig. 106), dessen Seiten die beiden Winkelgeschwindigkeiten $\mathfrak{w}_{12}$ und $\mathfrak{w}_{23}$ darstellen. Es läßt sich sonach auch kürzer

$$(63) \qquad \mathfrak{w}_{13} = \mathfrak{w}_{12} + \mathfrak{w}_{23}$$

schreiben, wobei zu beachten ist, daß die erwähnte Diagonale nicht nur die Drehachse $\overline{OD}_{13}$, sondern auch den Drehsinn bestimmt, denn

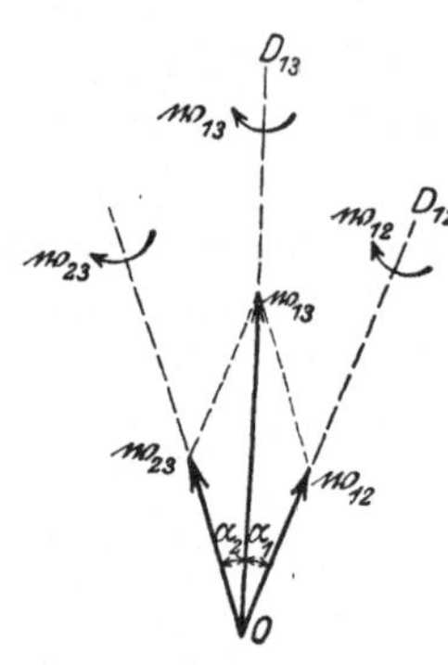

Fig. 106.

vom Endpunkte des Vektors $\mathfrak{w}_{13}$ nach dem Schnittpunkte der Achsen, d. i. nach dem Anfangspunkte hingesehen muß die Drehung von K_1 gegen K_3 von links nach rechts erfolgen. Das in Fig. 106 dargestellte Parallelogramm heißt das der Winkelgeschwindigkeiten; es hat für die Zusammensetzung von Drehungen die gleiche Bedeutung wie das Parallelogramm der Geschwindigkeiten für die Zusammensetzung von Schiebungen.

Beispiel: Die Scheibe K_1 drehe sich um die Achse (Welle) D_{12} gegen den Körper K_2 (s. Fig. 107 und 108), der hier von dieser Welle sowie einer zweiten zu ihr senkrechten Welle D_{23} gebildet wird; K_2 drehe sich um letztere Achse mit der Winkelgeschwindigkeit ω_{23} von oben gesehen im Sinne des Uhrzeigers. Dann vollzieht K_1 gegen K_3 eine Drehung um eine Achse D_{13}, die durch den Schnittpunkt O der gegebenen Achsen

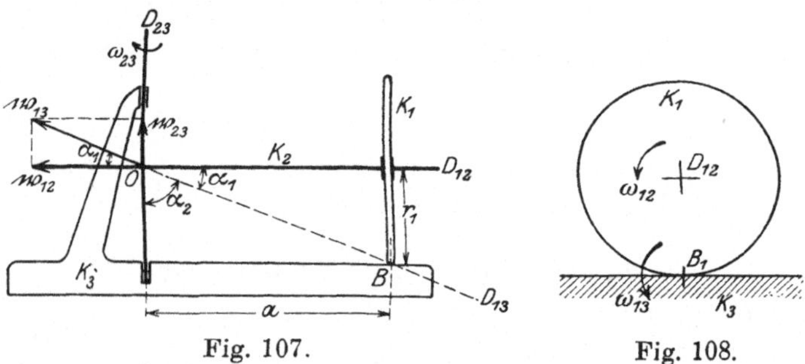

Fig. 107.

Fig. 108.

geht, in deren Ebene liegt und mit ihnen die Winkel α_1 und α_2 bildet, die durch die Beziehung

$$\sin \alpha_1 = \cos \alpha_2 = \frac{\omega_{23}}{\omega_{13}}$$

bestimmt sind, da $\alpha_1 + \alpha_2 = \alpha = \dfrac{\pi}{2}$ und sonach

$$\omega_{13} = \sqrt{\omega_{12}^2 + \omega_{23}^2}$$

ist. Rollt die Scheibe auf ihrer Unterlage, die sie in B_1 berührt, so bleibt B_1 augenblicklich in Ruhe und die Drehachse D_{13} geht durch B_1. Dann ist aber

$$\tan \alpha_1 = \frac{r_1}{a} = \text{const.} = \frac{\omega_{23}}{\omega_{12}},$$

falls r_1 den Radius der Scheibe und a den Abstand des Punktes B_1 von D_{23} bezeichnet, und es wird

$$\omega_{12} = \omega_{23} \cdot \frac{a}{r_1},$$

$$\mathfrak{w}_{13} = \omega_{23} \sqrt{1 + \left(\frac{a}{r_1}\right)^2}.$$

Bei der endlichen Bewegung der Scheibe K_1 bilden die Achsen D_{13} im Körper K_3 einen Kreiskegel vom Öffnungswinkel $2\,\alpha_2$, im Körper K_1 dagegen einen solchen vom Öffnungswinkel $2\,\alpha_1$; letzterer rollt hierbei auf ersterem.

Umgekehrt läßt sich jede Drehung in zwei Drehungen zerlegen, deren Achsen mit der gegebenen Drehachse in einer Ebene liegen und sich in einem Punkte schneiden. Durch Zerlegung von ω_{13} mittels des Parallelogramms der Winkelgeschwindigkeiten erhält man sofort

$$\omega_{12} = \omega_{13} \cdot \frac{\sin \alpha_2}{\sin \alpha}; \qquad \omega_{23} = \omega_{13} \cdot \frac{\sin \alpha_1}{\sin \alpha},$$

da hier α_1 und α_2 als gegeben zu betrachten sind und $\alpha_1 + \alpha_2 = \alpha$ ist.

Beispiel: Es sei K_1 die Kugel in einem Kugellager (s. Fig. 109), die den Spurzapfen K_2 in den Punkten B_2' und B_2'', den Laufring K_3 in B_1' und B_1'' berührt. Soll die Kugel rollen, so muß sie sich gegen K_2 um die Verbindungslinie $B_2'\,B_2''$, gegen K_3 um $B_1'\,B_1''$ drehen; es würde sonach $B_2'\,B_2''$ die Drehachse D_{12}, $B_1'\,B_1''$ die Achse D_{13} sein müssen, und die Anordnung so getroffen werden, daß sich D_{12} und D_{13} in einem Punkte der Drehachse D_{23} des Spurzapfens K_2 schneiden. Durch das Parallelogramm der Winkelgeschwindigkeiten finden sich dann sofort ω_{12} und ω_{23}, falls ω_{13} gegeben ist, oder ω_{12} und ω_{13} aus ω_{23}.

Man übersieht leicht, daß sich die Zusammensetzung von Drehungen um in einem Punkte sich schneidende Achsen auf beliebig viele Körper ausdehnen läßt. Man findet durch sie unter mehrmaliger Anwendung des Parallelogrammes der Winkelgeschwindigkeiten, daß

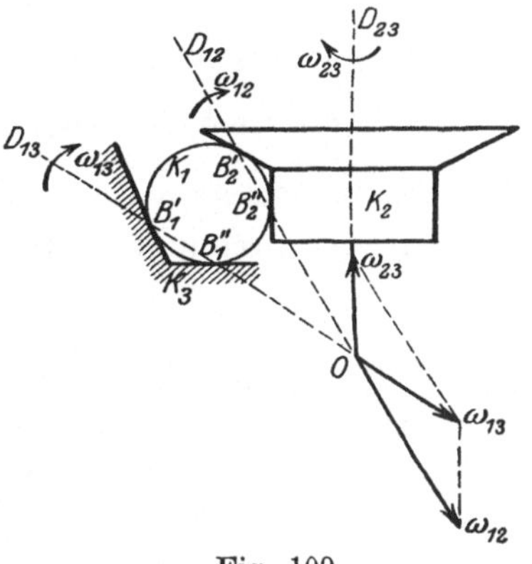

Fig. 109.

der erste Körper gegen den letzten eine Drehung um eine Achse ausführt, die durch den gemeinsamen Schnittpunkt aller Achsen geht. Die entsprechende Winkelgeschwindigkeit erhält man am kürzesten durch die geometrische Addition der die gegebenen Winkelgeschwindigkeiten darstellenden Vektoren, also in der Schlußlinie eines Polygons, das dem der Schiebungsgeschwindigkeiten auf S. 89 ganz analog ist.

Die Zerlegung einer Drehung in mehr als zwei Drehungen um in einem Punkte sich schneidende Achsen führt nur in dem Falle von drei Drehungen zu einer eindeutigen Lösung, und auch nur dann, wenn nicht zwei der drei zu wählenden Drehachsen mit der gegebenen in einer Ebene liegen. Besonders häufig wird die letztere Zerlegung angewendet auf die Zerlegung einer Drehachse um eine beliebige Achse OD mit der Winkelgeschwindigkeit ω in die drei Drehungen um die Achsen eines rechtwinkligen Koordinatensystems, die mit der Achse OD die Winkel δ_x, δ_y, δ_z einschließen (s. Fig. 110). Trägt man ω als Vektor vom Koordinatenanfang O aus auf der Achse OD ab und zerlegt diesen Vektor mittels des entsprechenden Parallelepipeds in die drei Komponenten ω_x, ω_y, ω_z, so erhält man

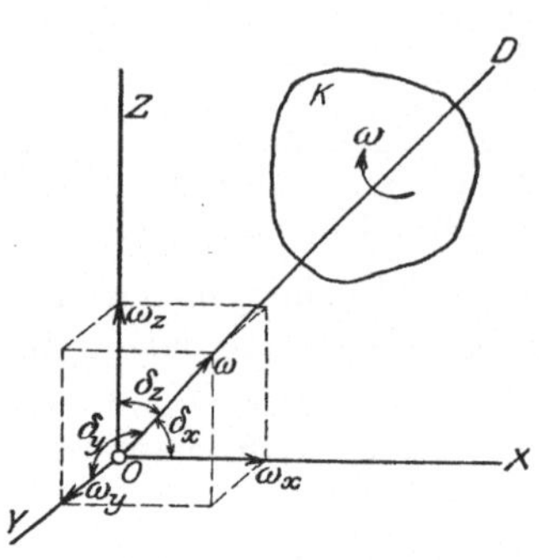

Fig. 110.

$$\omega_x = \omega \cdot \cos\delta_x, \qquad \omega_y = \omega \cdot \cos\delta_y, \qquad \omega_z = \omega \cdot \cos\delta_z.$$

Die entsprechenden Drehwinkel werden, da $\omega = \dfrac{d\psi}{dt}$ und alle vier Drehungen in derselben Zeit dt erfolgen,

$$d\psi_x = d\psi \cdot \cos\delta_x, \qquad d\psi_y = d\psi \cdot \cos\delta_y, \qquad d\psi_z = d\psi \cdot \cos\delta_z.$$

6. Zusammensetzung von Drehungen um parallele Achsen.

Sind zwei Drehungen um parallele Achsen zusammenzusetzen, so reichen die unter 4. angestellten Betrachtungen nicht aus, um die Lage der resultierenden Drehachse D_{12} zu bestimmen, denn der Punkt O fällt in das Unendliche. Wohl aber erkennt man leicht, daß in diesem Falle die Achse D_{13} parallel D_{12} und D_{23} wird und mit ihnen in einer Ebene liegt. Denn der Winkel α zwischen D_{12} und D_{23} ist bei gleichsinnigen Drehungen gleich Null, bei entgegengesetztsinnigen gleich π; es wird sonach zufolge (61)

$$\alpha_1 = \begin{cases} 0 \\ \pi \end{cases}, \qquad \alpha_2 = \begin{cases} \pi \\ 0 \end{cases},$$

und für ω_{13} erhalten wir aus (62a)

$$\omega_{13} = \mp(\omega_{12} \pm \omega_{23}).$$

Sind die beiden Drehungen gleichsinnig, so ersieht man leicht, daß die Achse D_{13} zwischen D_{12} und D_{23} (s. Fig. 111) liegen muß, denn für die Punkte A_1 von K_1 in der Ebene von D_{12} und D_{23}

kann $v_{13} = 0$ werden. Bezeichnen e_1 und e_2 die Abstände eines Punktes A_1 in jener Ebene von D_{12} bzw. D_{23}, so wird die Geschwindigkeit

$$v_{13} = e_1\,\omega_{12} - e_2\,\omega_{23} = 0$$

für alle Punkte, die der Beziehung

$$e_1\,\omega_{12} = e_2\,\omega_{23}$$

genügen. Aus ihr folgt mit Berücksichtigung der weiteren

$$e_1 + e_2 = e,$$

in welcher e den gegebenen Abstand der beiden Achsen bezeichnet, daß

$$(64) \qquad e_1 = e \cdot \frac{\omega_{23}}{\omega_{12} + \omega_{23}}, \qquad e_2 = e \cdot \frac{\omega_{12}}{\omega_{12} + \omega_{23}}.$$

Die Zusammensetzung zweier gleichsinniger Drehungen um parallele Achsen ergibt sonach wieder eine Drehung um eine parallele Achse in der Ebene der gegebenen beiden Achsen und zwischen letzteren,

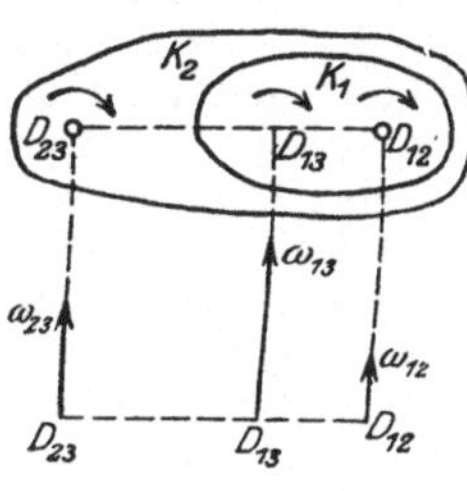

Fig. 111.

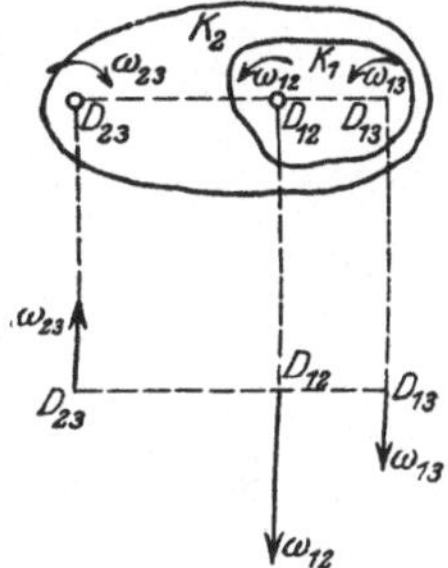

Fig. 112.

deren Abstände durch die Beziehungen (64) eindeutig bestimmt sind, und zwar mit der Winkelgeschwindigkeit

$$\omega_{13} = \omega_{12} + \omega_{23}$$

gleichsinnig mit den gegebenen Winkelgeschwindigkeiten. Die Richtigkeit der letzteren Behauptung erkennt man leicht aus dem Umstande, daß für die Punkte der Achse D_{13} $v_{13} = e \cdot \omega_{23}$ sein muß, und andererseits allgemein für diese Punkte $v_{13} = e_1 \cdot \omega_{13}$ ist.

Sind die Drehungen entgegengesetztsinnig und bezeichnen wir die größere der beiden Winkelgeschwindigkeiten mit ω_{12}, so liegen die Punkte A_1, deren Geschwindigkeit

$$v_1 = e_1\,\omega_{12} - e_2\,\omega_{23} = 0$$

werden soll, außerhalb des Raumes zwischen D_{12} und D_{23} (s. Fig. 112), und zwar auf der Seite der größeren Winkelgeschwindigkeit. Aus vorstehender Beziehung und aus $e = e_2 - e_1$ folgt

$$(65) \qquad e_1 = e \cdot \frac{\omega_{23}}{\omega_{12} - \omega_{23}}, \qquad e_2 = e \cdot \frac{\omega_{12}}{\omega_{12} - \omega_{23}},$$

womit die Lage der Drehachse D_{13} eindeutig bestimmt wird. Und man erkennt sofort, daß hier

$$\omega_{13} = \omega_{12} - \omega_{23}$$

und gleichsinnig mit der größeren Winkelgeschwindigkeit ω_{13} ist.

Die Zusammensetzung zweier ungleichsinniger Drehungen um parallele Achsen ergibt wieder eine Drehung um eine Achse, die parallel den gegebenen Achsen ist, · aber außerhalb des Raumes zwischen beiden liegt, und zwar auf der Seite der größeren Winkelgeschwindigkeit.

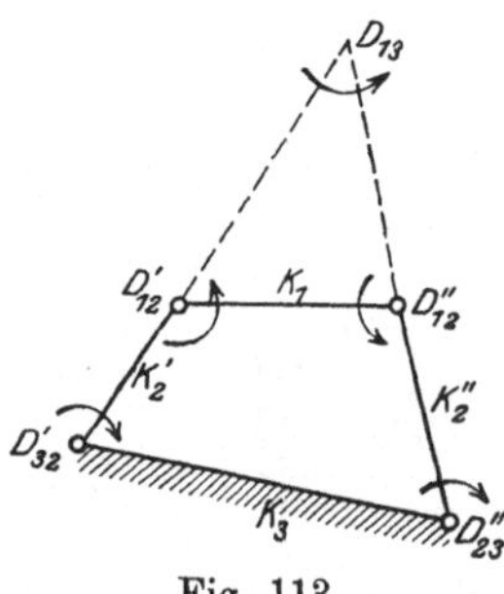

Fig. 113.

Beispiel: In dem Gelenkviereck mit vier parallelen Drehachsen (s. Fig. 113) sei die Koppel der Körper K_1, der Steg der ruhende Bezugskörper K_3, und die beiden Kurbeln seien die Körper K_2' bzw. K_2''. Die Drehung von K_1 gegen K_2' ist entgegengesetztsinnig der von K_2' gegen K_3, folglich liefert die Zusammensetzung beider Drehungen eine Drehung um eine parallele Achse außerhalb $D_{12}' D_{23}'$ in der Ebene beider Achsen. Das gleiche gilt von der Zusammensetzung der Drehungen von K_1 um D_{12}'' und K_2'' gegen K_3 um D_{23}''; es liegt sonach die Achse D_{13} der Drehung von K_1 gegen K_3 in der Schnittlinie der Ebenen beider Achsenpaare. In diesem Falle sind die Entfernungen der Achsen bekannt, z. B. $\overline{D_{12}' D_{13}} = e_1'$, $\overline{D_{12}' D_{23}'} = e'$, und damit folgt aus obigen Beziehungen

$$\omega_{13} = \frac{e'}{e_1'} \cdot \omega_{23}',$$

falls ω_{23}' als gegeben betrachtet wird. In ähnlicher Weise erhält man die übrigen Winkelgeschwindigkeiten.

Eine Ausnahme bezüglich des Satzes, daß die Zusammensetzung zweier Drehungen um parallele Achsen wieder eine Drehung ergibt,

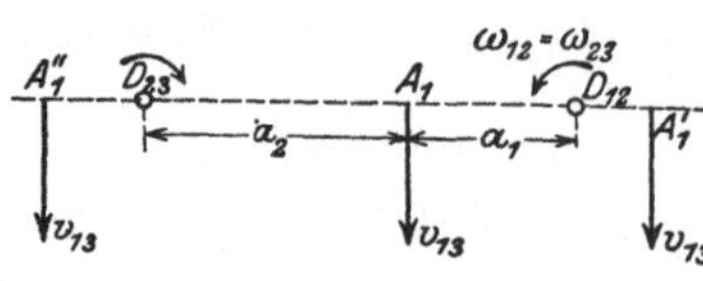

Fig. 114.

tritt ein, wenn die Drehungen um D_{12} und D_{23} gegensinnig, die Winkelgeschwindigkeiten ω_{12} und ω_{23} aber gleich groß sind. Dann wird

und

$$\omega_{13} = \omega_{12} - \omega_{23} = 0$$

$$e_1 = e_2 = \infty.$$

Das bedeutet aber nicht, daß K_1 gegen K_3 in Ruhe bleibt, sondern eine Schiebung senkrecht zur Ebene der beiden Drehachsen mit der

Geschwindigueit $v_{13} = e \cdot \omega_{12} = e \cdot \omega_{23}$ ausführt. Denn ist A_1 (s. Fig. 114) ein beliebiger Punkt von K_1 in der Ebene der beiden Drehachsen, so wird

$$v_{13} = a_1\,\omega_{12} + a_2\,\omega_{23} = (a_1 + a_2)\,\omega_{12} = e \cdot \omega_{12},$$

falls a_1 und a_2 die Entfernungen des Punktes A_1 von D_{12}, bzw. D_{23} und e die der Achsen bezeichnen. Die Lage des Punktes A_1 in der genannten Ebene hat sonach keinen Einfluß auf die Größe und Richtung der Geschwindigkeit v_{13} von A_1; die Bewegung von K_1 gegen K_3 ist folglich eine Schiebung, weil unendlich viele Punkte von K_1 gleiche und gleichgerichtete Geschwindigkeiten besitzen.

Als Beispiel sei auf das Gelenkparallelogramm (Parallelkurbelgetriebe, s. Fig. 115) hingewiesen, in welchem sich die Koppel K_1 mit gegensinnig gleichen Winkelgeschwindigkeiten gegen die Kurbel K_2' und diese gegen K_3 dreht, ebenso K_1 gegen K_2'' und K_2'' gegen K_3. Es vollzieht sonach K_1 gegen K_3 eine Schiebung mit der zu den beiden Kurbeln senkrechten Geschwindigkeit $v_{13} = e' \cdot \omega_{23}' = e'' \cdot \omega_{23}''$, wobei die sämtlichen Punkte von K_1 kongruente gleichliegende Kreise beschreiben.

Die Zerlegung einer Drehung in zwei Drehungen um gegebene parallele Achsen, die mit der Achse der ursprünglichen Drehung in einer Ebene liegen, ist mittels der Beziehungen (65) leicht ausführbar.

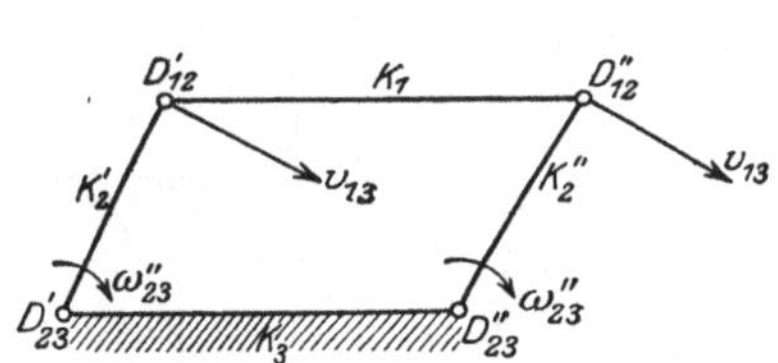

Fig. 115.

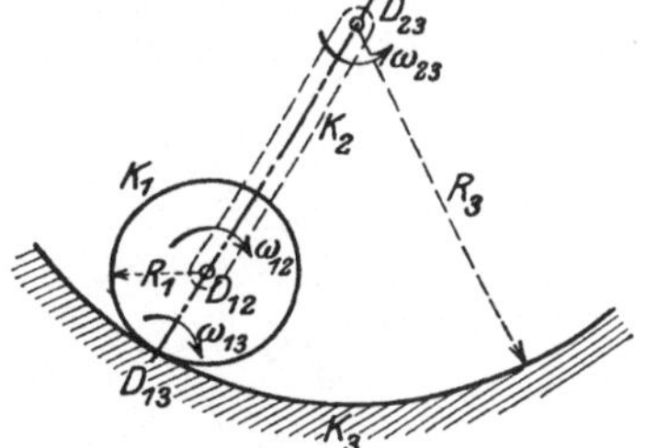

Fig. 116.

Man erhält unter Berücksichtigung der Beziehung $\omega_{12} + \omega_{23} = \omega_{13}$

$$\omega_{12} = \omega_{13} \cdot \frac{e_2}{e}, \qquad \omega_{23} = \omega_{13} \cdot \frac{e_1}{e},$$

denn die Größen ω_{13}, e_1, e_2 und $e = e_2 - e_1$ sind hier gegeben, ferner ist der Drehsinn der berechneten Winkelgeschwindigkeiten durch die Bahngeschwindigkeit der Punkte der Drehachse D_{12} bestimmt.

Beispiel: Rollt ein Kreiszylinder K_1 (s. Fig. 116) in dem Hohlzylinder K_3, so läßt sich die Drehung von K_1 gegen K_3, die er um die Berührungslinie D_{13} mit der Winkelgeschwindigkeit ω_{13} augenblicklich ausführt, zerlegen in eine Drehung um die geometrische Achse D_{12} des Zylinders K_1 gegen eine ideelle Kurbel K_2 und die Drehung dieser Kurbel um die geometrische Achse D_{23} des Hohlzylinders gegen K_3. Bezeichnet R_1 den Radius von K_1 und R_3

den von K_3, so hat man hier $e_2 = R_3$, $e = R_3 - R_1$ und $e_1 = R_1$ zu setzen und findet folglich

$$\omega_{12} = \omega_{13} \cdot \frac{R_3}{R_3 - R_1}$$

gleichsinnig mit ω_{13}, ferner

$$\omega_{23} = \omega_{13} \cdot \frac{R_1}{R_3 - R_1}$$

gegensinnig zu ω_{13}. —

Schließlich möge hier noch eine Bemerkung Platz finden, die für spätere Untersuchungen von Wert ist. Denkt man sich nämlich die drei Körper K_1, K_2, K_3, die sich um parallele Achsen gegenseitig drehen, als komplan bewegliche starre Ebenen, so entsprechen den Schnittpunkten der Drehachsen mit den Ebenen die Pole (s. Kap. 9) der Drehungen der Ebenen gegeneinander. Da die drei Drehachsen in einer Ebene liegen müssen, wie wir fanden, so folgt der Satz: Die drei Pole der Relativbewegungen dreier komplaner starrer Ebenen liegen in einer Geraden.

7. Zusammensetzung zweier Drehungen um sich kreuzende Achsen.

Es sei $F_1 F_2 = e$ (s. Fig. 117) der kürzeste Abstand der sich unter dem Winkel α kreuzenden Achsen D_{12} und D_{23}, und $\overline{OF_1} = e_1$, $\overline{OF_2} = e_2$, falls O ein zunächst beliebiger Punkt auf $F_1 F_2$

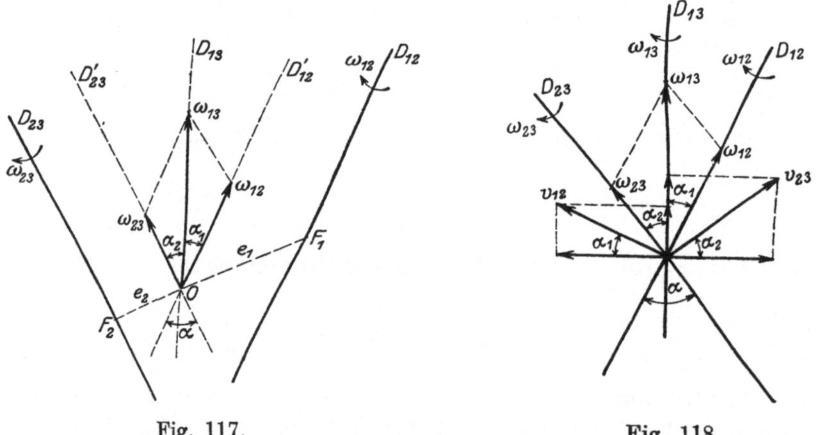

Fig. 117.   Fig. 118.

ist. Durch O legen wir Parallelen OD'_{12} zu D_{12} bzw. OD'_{23} zu D_{23} und zerlegen (nach 3) die Drehung von K_1 um D_{12} in eine solche um D'_{12} mit der gleichen Winkelgeschwindigkeit ω_{12} und eine Schiebung senkrecht zur Ebene der beiden Parallelen D_{12} und D'_{12} mit der Geschwindigkeit $v_{12} = e_1 \cdot \omega_{12}$. In gleicher Weise zerlegen wir die Drehung um D_{23} in eine solche um D'_{23} mit ω_{23} als Winkelgeschwindigkeit und eine Schiebung mit der Geschwindigkeit $v_{23} = e_2\,\omega_{23}$. Die Zusammensetzung der beiden Drehungen um die in O sich schneidenden Achsen D'_{12} und D'_{23} ergibt eine Drehung um die Achse D_{13} mit der Winkelgeschwindigkeit

$$\omega_{13} = \omega_{12} \,\widehat{+}\, \omega_{23},$$

die nach Größe und Richtung am kürzesten durch das Parallelogramm der Winkelgeschwindigkeiten gefunden wird. Um die beiden Schiebungen zusammenzusetzen, zerlegen wir sie zunächst je in zwei Schiebungen in Richtung von D_{13} und einer Senkrechten dazu. Die letzteren beiden Schiebungen erfolgen mit den Geschwindigkeiten $v_{12}\cos\alpha_1$ bzw. $v_{23}\cos\alpha_2$ (s. Fig. 118) parallel derselben Geraden und ergeben sonach zusammengesetzt eine Schiebung senkrecht zu D_{13} mit der Geschwindigkeit

$$v'_{13} = v_{12}\cos\alpha_1 - v_{23}\cos\alpha_2 = e_1\,\omega_{12}\cos\alpha_1 - e_2\,\omega_{23}\cos\alpha_2\,.$$

Über die Lage des Punktes O verfügen wir nun so, daß $v'_{13} = 0$ wird, also der Beziehung

$$e_1\,\omega_{12}\cos\alpha_1 = e_2\,\omega_{23}\cos\alpha_2$$

genügt wird. Aus dieser und der weiteren

$$e_1 + e_2 = e$$

folgen dann die Werte

$$e_1 = \frac{\omega_{23}\cos\alpha_2}{\omega_{12}\cos\alpha_1 + \omega_{23}\cos\alpha_2}\cdot e, \qquad e_2 = \frac{\omega_{12}\cos\alpha_1}{\omega_{12}\cos\alpha_1 + \omega_{23}\cos\alpha_2}\cdot e,$$

die sich auch mit Berücksichtigung der Beziehung $\omega_{13} = \omega_{12}\cos\alpha_1 + \omega_{23}\cos\alpha_2$ auf die Form

$$(66)\qquad e_1 = \frac{\omega_{23}}{\omega_{13}^2}\left(\omega_{12}\cos\alpha + \omega_{23}\right)\cdot e, \qquad e_2 = \frac{\omega_{12}}{\omega_{13}^2}\left(\omega_{12} + \omega_{23}\cos\alpha\right)\cdot e$$

bringen lassen. Die beiden Schiebungen senkrecht zu D_{13} heben sich folglich auf und es bleiben nur noch die beiden Schiebungen in Richtung von D_{13}, die zusammengesetzt eine Schiebung mit der Geschwindigkeit

$$v_{13} = v_{12}\sin\alpha_1 + v_{23}\sin\alpha_2 = e_1\,\omega_{12}\sin\alpha_1 + e_2\,\omega_{23}\sin\alpha_2$$

ergeben; letztere läßt sich unter Benutzung der Ausdrücke für e_1 und e_2 einfacher in der Form

$$(67)\qquad v_{13} = \frac{\omega_{12}\,\omega_{23}}{\omega_{13}}\cdot e\cdot\sin\alpha$$

schreiben. Das Hauptergebnis der vorstehenden Betrachtungen be-

steht folglich darin, daß die Zusammensetzung zweier Drehungen um sich kreuzende Achsen eine Elementarschraubung ergibt; die Schraubenachse schneidet den kürzesten
Abstand der beiden Drehachsen rechtwinklig in einem
Punkte, der von beiden Drehachsen die durch (66) bestimmten Abstände e_1 und e_2 hat und deren Richtung durch
die Diagonale des Parallelogrammes der Winkelgeschwindigkeiten festgelegt wird. Die Winkelgeschwindigkeit ω_{13}
und die Schiebungsgeschwindigkeit v_{13} der Schraubung
haben die vorher ermittelten Werte.

Beispiel: Rollt eine kreiszylindrische Scheibe K_1 (s. Fig. 119, 120, 121)
auf einer Ebene gegen den Körper K_3 und dreht sie sich um ihre geometrische
Achse D_{12}, die parallel jener Ebene ist, gegen einen Körper K_2, der um eine
Achse D_{23}, die D_{12} im Abstande $\overline{E_2 E_3} = e$ rechtwinklig kreuzt, gegen K_3 eine
Drehung mit der gegebenen Winkelgeschwindigkeit ω_{23} ausführt, so erkennt
man leicht, daß K_1 gegen K_3 eine Schraubung vollzieht und letztere wie folgt

Fig. 119.   Fig. 120.

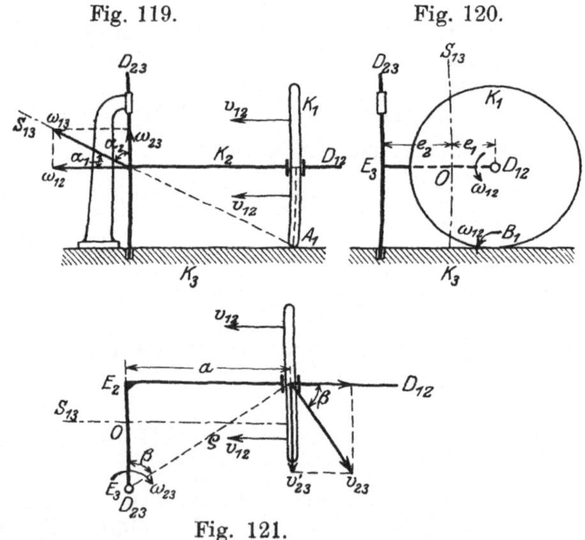

Fig. 121.

ermittelt werden kann. Der Mittelpunkt C_1 der Scheibe hat die gleiche Geschwindigkeit v_{13} gegen K_3, wie der mit ihm zusammenfallende Punkt C_2 des
Körpers K_2, nämlich $v_{23} = \varrho \cdot \omega_{23}$, wenn ϱ den Abstand des Punktes C_2 von
der Achse D_{23} bezeichnet, und diese Geschwindigkeit hat auch der Berührungspunkt B_1 von K_1 mit K_3. Da sich K_1 gegen K_2 nur drehen, aber nicht verschieben kann, so kommt für die Bewegung von K_1 gegen K_2 nur die Komponente $v'_{23} = v_{23} \sin \beta$ in Frage, und folglich ist die Winkelgeschwindigkeit der
Drehung von K_1 gegen K_2, d. i.

$$\omega_{12} = \frac{v_{23} \sin \beta}{r_1} = \frac{\varrho}{r_1} \cdot \omega_{23} \sin \beta = \frac{a}{r_1} \cdot \omega_{23};$$

hierin bezeichnet r_1 den Radius der Scheibe und es ist $a = \overline{E_2 C_2}$, $\beta = \angle E_2 D_{23} C_2$. Die Zusammensetzung dieser Drehung mit der von K_2 gegen K_3 ergibt eine Schraubung um eine Achse, die den kürzesten Abstand $\overline{E_2 D_{23}}$ in den Entfernungen $e_1 = \overline{O E_2}$ und $e_2 = \overline{O E_3}$ rechtwinklig schneidet, und die der Geraden $E_2 B_1$ parallel läuft. Da hier $\alpha = \dfrac{\pi}{2}$, so wird nach (61)

$$\tan \alpha_1 = \cot \alpha_2 = \frac{\omega_{23}}{\omega_{12}} = \frac{r_1}{a},$$

ferner

$$\omega_{13} = \sqrt{\omega_{12}^2 + \omega_{23}^2} = \omega_{23} \sqrt{1 + \left(\frac{a}{r_1}\right)^2}$$

und die Schiebungsgeschwindigkeit der Schraubung nach (67)

$$v_{13} = \frac{\omega_{12}\, \omega_{23}}{\omega_{13}} \cdot e = \frac{a\, e}{\sqrt{a^2 + r_1^2}} \cdot \omega_{23};$$

endlich findet man aus (66)

$$e_1 = e \cdot \frac{r_1^2}{a^2 + r_1^2}, \qquad e_2 = e \cdot \frac{a^2}{a^2 + r_1^2}.$$

Alle die Schraubenachsen bilden gegen K_3 ein einschaliges Rotationshyperboloid, dessen Achse D_{23} ist, während sie gegen K_1 eine gleiche Fläche mit D_{12} als geometrischer Achse erzeugen; beide Flächen berühren sich in der augenblicklichen Schraubenachse.

Die Zerlegung einer Schraubung in zwei Drehungen um sich kreuzende Achsen ist unendlich vielfach möglich, nur müssen die beiden Drehachsen so gewählt werden, daß sie eine Senkrechte zur Schraubenachse rechtwinklig schneiden. Von den vier die Lage und Richtung der Drehachsen bestimmenden Größen e_1, e_2, α_1, α_2 sind nur zwei willkürlich wählbar, denn zwischen ihnen bestehen die beiden Beziehungen

$$(68) \qquad e_1 = \frac{v_{13}}{\omega_{13}} \cdot \cot \alpha_2, \qquad e_2 = \frac{v_{13}}{\omega_{13}} \cdot \cot \alpha_1,$$

die aus (66) in Verbindung mit (62b) und (67) hervorgehen, und zwar nur e_1 und e_2, oder α_1 und α_2, oder e_1 und α_1 bzw. e_2 und α_2. Die entsprechenden Winkelgeschwindigkeiten der Drehungen sind aus (62b) zu berechnen.

Wie hieraus hervorgeht, kann man die eine der beiden Drehachsen bezüglich der Richtung und Lage ganz willkürlich wählen, z. B. D_{12}, denn dann ist e_1 der kürzeste Abstand der Achse D_{12} von der Schraubenachse S_{13} und α_1 der spitze Winkel zwischen S_{13} und D_{12}. Die andere Drehachse D_{23} dagegen wird durch Richtung und Lage von D_{12} völlig und eindeutig bestimmt, denn aus (68) findet man e_2 und α_2, und außerdem muß D_{23} das gemeinsame Lot von S_{13} und D_{12} rechtwinklig schneiden. Die beiden Drehachsen D_{12} und D_{23} sind folglich einer Schraubung gegenüber einander zugeordnet und heißen deshalb konjugierte Achsen.

Man übersieht leicht, daß die Zusammensetzung zweier Schraubungen keine neue Art von Elementarbewegungen ergibt, sondern wieder nur eine Schraubung. Denn die Zusammensetzung der Drehungen beider Schraubungen liefert eine Schraubung, und da zu dieser nur noch die beiden Schiebungen längs der Schraubenachsen treten, so erhalten wir nach 4 im allgemeinen wieder nur eine Schraubung. Dieses Ergebnis läßt vermuten, daß die Schraubung die allgemeinste Elementarbewegung eines starren Körpers ist, und das bestätigen die Darlegungen im folgenden Kapitel.

Elftes Kapitel.

Die freie Bewegung starrer Körper.

Im folgenden soll der wichtige Satz bewiesen werden, daß jede freie Elementarbewegung eines starren Körpers im allgemeinen übereinstimmt mit einer Elementarschraubung. In dieser Absicht zeigen wir zunächst, daß der Körper aus der Lage K in die endlich verschiedene beliebige Lage K' gebracht werden kann durch

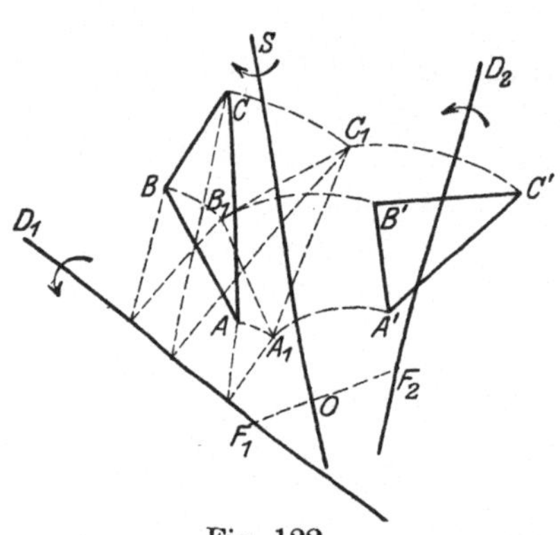

zwei Drehungen um zwei sich kreuzende Achsen. Da die Lage eines starren Körpers vollständig und eindeutig bestimmt ist durch die Lage dreier seiner Punkte, die nicht in einer Geraden liegen (s. Kap. 8), also durch die Lage des Grunddreieckes, so führt man, falls ABC und $A'B'C'$ (s. Fig. 122) die beiden Lagen des Grunddreieckes sind, die den Lagen K und K' des Körpers entsprechen, zunächst den Körper in die neue Lage K_1 über durch Drehung um

Fig. 122.

die Schnittlinie D_1 der Ebenen der Dreiecke ABC und $A'B'C'$, wobei das Grunddreieck in die Lage $A_1 B_1 C_1$ kommt, die mit $A'B'C'$ in einer Ebene liegt. Die Überführung des Körpers aus der Lage K_1 in die Lage K' besteht sonach in einer ebenen Bewegung (s. Kap. 9), und da nach dem Früheren das Dreieck aus der Lage $A_1 B_1 C_1$ in die Lage $A'B'C'$ durch Drehung um einen eindeutig bestimmten Punkt gebracht werden kann, so gelangt der Körper aus der Lage K_1 nach K' durch Drehung um eine Achse D_2, die in dem genannten Drehpunkte F_2 senkrecht zur Ebene des Grunddreieckes $A'B'C'$ errichtet wird. Da die beiden Drehachsen sich im allgemeinen kreuzen, so ergibt die Zusammensetzung der beiden Drehungen eine Schraubung.

An diesem Ergebnis ändert sich nichts, wenn die Lagen K und K' des Körpers unendlich benachbart sind, in welchem Falle der Körper eine allgemeine Elementarbewegung vollzieht. Die beiden Drehungen werden dann Elementardrehungen um sich kreuzende Achsen deren Zusammensetzung nach dem vorhergehenden Kapitel eine eindeutig bestimmte Elementarschraubung ergibt.

Für das Folgende mag noch darauf hingewiesen werden, daß man die Überführung des Körpers aus der Lage K in die endlich entfernte Lage K' auch vollziehen kann, indem man K zunächst einer Schiebung unterwirft, durch welche ein beliebiger Körperpunkt, z. B. A, in seine neue Lage A' gelangt. Dann kommt der Körper zunächst in die Lage K_2, in der die Seiten des Grunddreieckes $A'B_2C_2$ parallel denen von ABC sind. Die Ebenen der Dreiecke $A'B_2C_2$ und $A'B'C'$ schneiden sich in einer durch A' gehenden Geraden D', und drehen wir um diese den Körper, bis das Grunddreieck in die Ebene des Dreieckes $A'B'C'$ fällt, so befindet sich die neue Lage $A'B_1C_1$ des Grunddreieckes mit $A'B'C'$ in einer Ebene und beide Dreiecke haben den Punkt A' gemeinsam. Drehen wir folglich den Körper um die in A' zur Dreiecksebene senkrechten Achse, so wird es in die endgültige Lage $A'B'C'$ übergeführt und folglich auch der Körper in die Lage K'. Somit erkennen wir, daß der Körper auch durch eine Schiebung und zwei Drehungen um sich schneidende Achsen in jede beliebige Lage übergeführt werden kann. Die Zusammensetzung der entsprechenden drei Elementarbewegungen führt aber wieder auf eine Schraubung.

Die Achse der Elementarschraubung, welche momentane Schraubenachse oder auch kurz Momentanachse genannt wird, ist für jede Elementarbewegung vollständig und eindeutig nach Richtung und Lage bestimmt. Während der Elementarbewegung des Körpers dreht sich also letzterer unendlich wenig um diese Achse und verschiebt sich zugleich in ihrer Richtung, wie das schon im 10. Kap. (S. 91) auseinandergesetzt wurde.

Der Geschwindigkeitszustand der allgemeinen Elementarbewegung eines starren Körpers ist hiernach der folgende. Alle Punkte der Schraubenachse haben nur die Schiebungsgeschwindigkeit v_s in Richtung der Schraubenachse, während sich die Geschwindigkeit v_A eines beliebigen Körperpunktes A aus v_s und der Drehgeschwindigkeit w_A des Punktes zusammensetzt (s. Fig. 123, S. 108). Letztere steht senkrecht zur Ebene durch A und die Schraubenachse gleichsinnig mit der Winkelgeschwindigkeit ω der Drehung und von der Größe $r_A \cdot \omega$, falls r_A den Abstand des Punktes A von der Schraubenachse bezeichnet. Es wird sonach

$$v_A = \sqrt{v_s^2 + w_A^2} = \sqrt{v_s^2 + r_A^2\,\omega^2} = \omega \cdot \sqrt{p^2 + r_A^2},$$

worin $p = \dfrac{v_s}{\omega}$ der Schraubenparameter genannt wird. Die Geschwindigkeit v_A berührt den Kreiszylinder um die Schraubenachse vom Radius r_A und schließt mit v_s bzw. der Mantellinie dieses Zylinders den Winkel δ_A ein, der durch die Beziehung

$$\tan \delta_A = \frac{w_A}{v_s} = \frac{r_A}{p}$$

bestimmt ist. Alle Punkte auf einer Parallelen zur Schraubenachse haben gleiche und gleichgerichtete Geschwindigkeiten, alle Punkte des vorerwähnten Kreiszylinders gleiche den Zylinder berührende Geschwindigkeiten.

Zerlegt man die Geschwindigkeiten der Punkte einer Geraden γ des Körpers in Komponenten in Richtung der Geraden und senkrecht zu ihr, so haben erstere alle die gleiche Größe. Diese gemeinschaftliche Komponente heißt die Gleitungsgeschwindigkeit der Geraden und werde mit v_γ bezeichnet. Der Nachweis der vorstehenden Behauptung ist zunächst für eine Gerade γ_0, welche die Drehachse rechtwinklig kreuzt, bezüglich der Komponenten w_A der gleiche wie in Kap. 9 (S. 79). Da nun die Geschwindigkeiten w_A für zwei Punkte auf einer Parallelen zur Schraubenachse gleich und gleichgerichtet sind, so erhalten folglich auch alle Punkte von γ die gleiche Komponente v_s, welche in Richtung von γ an sich gleiche Komponenten hat; es

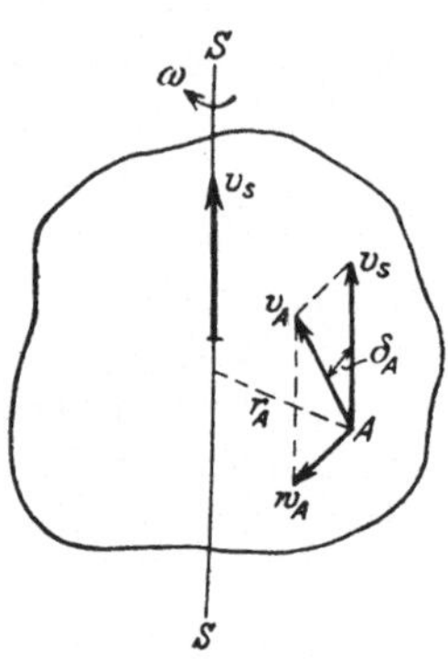

Fig. 123.

setzt sich sonach die Gleitungsgeschwindigkeit an allen Stellen von γ aus gleichen Komponenten zusammen, woraus die Richtigkeit obigen Satzes folgt.

Da jede Elementarbewegung eines starren Körpers aus zwei Drehungen um sich kreuzende (konjugierte) Achsen zusammengesetzt werden kann und die Geschwindigkeit v_A eines jeden Körperpunktes A senkrecht zu der Ebene steht, welche durch A und die Achse der Drehung gelegt wird, so muß die Normalebene zu v_A durch A die konjugierte Drehachse zu jeder durch A gehenden Achse enthalten. Kennen wir die Geschwindigkeitsrichtungen zweier Körperpunkte A und B, so finden wir folglich die zu AB konjugierte Drehachse als Schnittlinie der beiden Normalebenen zu v_A und v_B durch A bzw. B. Die Schraubenachse der Elementarbewegung des Körpers muß aber nach dem Früheren das gemeinsame Lot L_{AB} dieser beiden konjugierten Achsen unter rechtem Winkel schneiden. Diese Überlegung führt zu einer einfachen Bestimmung der Schraubenachse in dem Falle, in welchem wir die Richtungen der Geschwindigkeiten dreier Punkte A, B, C des Körpers kennen, die nicht in einer Geraden liegen. Denn bestimmen wir in gleicher Weise auch die konjugierte Achse zu AC, so schneidet die gesuchte Schraubenachse auch das gemeinsame Lot L_{AC} dieser beiden Achsen rechtwinklig; es ist sonach das gemeinsame Lot der beiden Lote L_{AB} und L_{AC} die gesuchte Achse der Elementarschraubung des Körpers.

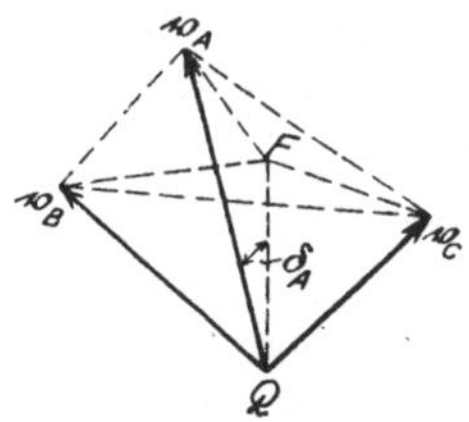

Fig. 124.

Kennt man die Geschwindigkeiten v_A, v_B, v_C dreier Körperpunkte A, B, C der Richtung und der Größe nach, so findet sich die gesuchte Schraubenachse noch einfacher. Tragen wir nämlich die diesen drei Geschwindigkeiten entsprechenden Vektoren von einem beliebigen Punkte Q (s. Fig. 124) aus an und fällen von diesem Punkte das Lot $\overline{QF}$ auf das Dreieck $v_A v_B v_C$ der Endpunkte der Vektoren, so stellt dieses Lot nach Größe und Richtung die Schiebungsgeschwindigkeit v_s der Schraubung dar, während die drei Strecken $\overline{Fv_A}$, $\overline{Fv_B}$, $\overline{Fv_C}$ den Drehgeschwindigkeiten

$$w_A = r_A \cdot \omega, \qquad w_B = r_B \cdot \omega, \qquad w_C = r_C \cdot \omega$$

entsprechen. Denkt man sich letztere in A, B und C angetragen und errichtet zu ihnen senkrechte Ebenen in diesen Punkten, so schneiden sich diese in der Schraubenachse; damit wird letztere der Lage nach gefunden, während ihre Richtung schon durch das Lot $\overline{QF}$ bestimmt ist.

Jede endliche Bewegung eines freien starren Körpers kann auf Grund des Vorhergehenden als eine Aufeinanderfolge von Elementarschraubungen angesehen werden, bei denen die Schraubenachsen im allgemeinen sowohl gegen den (ruhend gedachten) Bezugskörper, als auch gegen den bewegten Körper ihre Lage fortwährend ändern. Der geometrische Ort der momentanen Schraubenachsen ist eine Linienfläche, welche Achsenfläche genannt wird. Im besonderen heißt der geometrische Ort der Achsen im Bezugskörper die ruhende und der im bewegten Körper die bewegte Achsenfläche. Beide Flächen berühren sich in der momentanen Schraubenachse, um welche sich der Körper augenblicklich dreht und längs ihr verschiebt. Eine derartige Elementarbewegung wird schrotende Bewegung oder Schrotung genannt. Jede allgemeine endliche Bewegung eines starren Körpers kann sonach durch die Schrotung einer mit dem bewegten Körper starr verbundenen Linienfläche auf einer Linienfläche des ruhenden Körpers erzeugt werden.

Man kann sich aber die endliche Bewegung eines Körpers noch auf eine andere Art erzeugt denken. Wie auf S. 107 gezeigt wurde, läßt sich jede Elementarbewegung auf eine Schiebung, bei welcher ein willkürlich gewählter Körperpunkt eine ganz bestimmte Bahn beschreibt, und eine Drehung um eine durch den Körperpunkt gehende Achse zurückführen. Bei der endlichen Bewegung des Körpers bilden sonach alle diese Drehachsen eine Kegelfläche in dem Körper, deren Spitze in jenem Körperpunkte liegt und die mit dem Körper starr verbunden ist. Fügt man nun der Bewegung einen Hilfskörper hinzu, der mit dem bewegten Körper jenen Punkt gemeinsam hat und die erwähnte Schiebung ausführt, so ist der geometrische Ort der momentanen Drehachsen in dem Hilfskörper ebenfalls eine Kegelfläche, die mit letzterem starr verbunden ist und auf der die erstere Kegelfläche rollt.

Bekanntlich wird die Bewegung der Erde gegen das Sonnensystem in dieser Weise dargestellt. Der Hilfskörper führt eine krummlinige Schiebung aus, die der Bahn des Erdmittelpunktes um die Sonne (der Ekliptik) entspricht. In diesem Hilfskörper liegt der Kegel fest, auf dem der bewegliche, mit dem Erdkörper verbundene Kegel rollt; die Berührungsmantellinie beider Kegel, deren Spitzen in den Erdmittelpunkt fallen, ist die augenblickliche Drehachse, die von der geographischen Erdachse nur um einen sehr kleinen Winkel abweicht.

In den beiden angeführten Fällen der Auffassung der Elementarbewegungen freier starrer Körper denkt man sich letztere aus Schiebungen und Drehungen um veränderliche Achsen zusammengesetzt. Man kann aber auch jede solche Elementarbewegung aus Schiebungen längs und Drehungen um ruhende Achsen zusammensetzen, wie im folgenden gezeigt werden soll. Ein Körper K vollziehe eine beliebige Elementarschraubung um eine Achse S gegen einen Bezugskörper, der durch das willkürlich gewählte Koordinatensystem XYZ (s. Fig. 125, S. 111) dargestellt werde. Die Schraubenachse schneide die XY-Ebene in dem Punkte S_0 und bilde mit den drei Achsen die Winkel δ_x, δ_y, δ_z. Der Körper drehe sich um sie mit der Winkelgeschwindigkeit ω und habe die Schiebungsgeschwindigkeit v_s. Wir zerlegen zunächst die Drehung um S in eine solche um die parallele Achse OD, welche durch den Koordinatenanfang O geht, und eine Schiebung senkrecht zur Ebene beider Achsen. Die letztere setzen wir mit der Schiebung längs der Schraubenachse zusammen, und die so erhaltene Schiebung zerlegen wir, wie im Kap. 10, S. 90 erörtert, in drei Schiebungen längs der drei Koordinatenachsen. Ferner zerlegen wir die Drehung um OD mit ω in drei Drehungen um die Koordinatenachsen mit den Winkelgeschwindigkeiten

$$\omega_x = \omega \cos\delta_x\,,$$
$$\omega_y = \omega \cos\delta_y\,,$$
$$\omega_z = \omega \cos\delta_z\,.$$

Wir ersetzen sonach die Elementarbewegung des Körpers durch drei Schiebungen längs und drei Drehungen um die Achsen des gewählten Koordinatensystems, deren Geschwindigkeiten ganz bestimmte von ω, v_s und der Lage der Schrauben-achse abhängige sind. Umgekehrt liefert die Zusammensetzung jener sechs Bewegungen eine eindeutig durch die sechs Geschwindigkeiten bestimmte Elementar-schraubung um eine in ihrer Lage völlig bestimmte Achse. Jede andere Wahl der sechs Geschwindigkeiten liefert eine andere Schraubung. Daraus wird ersichtlich, daß zur Bestimmung einer Elementarbewegung des Körpers sechs Größen, nämlich die drei Schiebungsgeschwindigkeiten längs der und die drei Winkelgeschwindigkeiten der Drehungen um die Achsen eines willkürlichen Koordinaten-

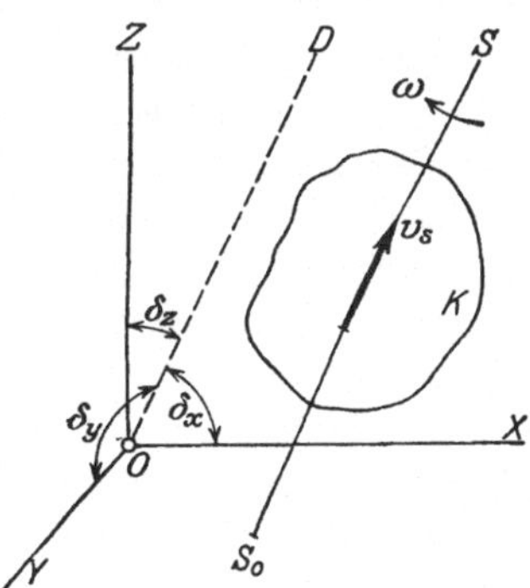

Fig. 125.

systems gegeben werden müssen. Anders ausgedrückt heißt dies, daß zur Bestimmung einer Elementarbewegung sechs Größen willkürlich gewählt werden können. Man sagt daher, die freie Bewegung eines starren Körpers habe $f = 6$ Grade der Freiheit oder den Freiheitsgrad

$$f = 6\,.$$

Bei den nichtfreien oder gebundenen Bewegungen ist der Freiheitsgrad kleiner als 6, wie wir weiterhin zeigen wollen.

Zwölftes Kapitel.

Gebundene Bewegungen starrer Körper.

Die Beschränkungen, denen die Bewegung starrer Körper unterliegt, kommen im wesentlichen darauf zurück, daß die Körper während ihrer Bewegung andere Körper dauernd zu berühren gezwungen sind. Während diese Beschränkungen mehr geometrischer Natur sind, kommen zu ihnen noch solche physikalischer Art, die in der Beschaffenheit der Oberflächen sich berührender Körper begründet liegen und ihren Einfluß auf die gegenseitigen Bewegungen der sich berührenden Körper in einer gewissen Hemmung oder Hinderung geltend machen, die man mit dem Gesamtnamen der „Reibungswiderstände" belegt. Letztere sollen hier nur soweit Berücksichtigung finden, als sie bestimmte Bewegungsvorgänge bedingen; in dynamischer Hinsicht werden sie später ausführlich behandelt.

Die Mannigfaltigkeit der Bewegungsbeschränkungen ist so groß, daß nur auf die für die Anwendungen wichtigsten Fälle hier eingegangen werden kann. Auch sollen diese Fälle gebundener Bewegung nur soweit besprochen werden, als das zur Kennzeichnung ihrer Art und ihres Freiheitsgrades, sowie für spätere sich anschließende Untersuchungen nötig ist. Hierbei ist die Aufeinanderfolge der Fälle so gewählt, daß der folgende sich auf den vorhergehenden stützt.

1. Sind drei nicht in einer Geraden liegende Punkte des Körpers dauernd in Ruhe, bzw. werden festgehalten, so ist der ganze Körper in Ruhe bzw. unbeweglich, und für den Freiheitsgrad findet sich $f = 0$.

2. Werden zwei Punkte des Körpers festgehalten, so kann der Körper nur eine Drehung um die Verbindungslinie der Punkte ausführen. Bei dieser Bewegung, die im 8. Kapitel ausführlich behandelt wurde, bewegen sich die Körperpunkte auf ganz bestimmten Kreisbahnen; sie gehört daher zu den sogenannten zwangläufigen Bewegungen, für die der Freiheitsgrad $f = 1$ ist.

3. Wird nur ein Punkt des Körpers festgehalten, so kann der Körper zwar keine Schiebung vollziehen, wohl aber sich um alle durch den festgehaltenen Punkt gehenden Achsen mit willkürlichen Winkelgeschwindigkeiten drehen. Folglich sind auch die drei Winkelgeschwindigkeiten ω_x, ω_y, ω_z der Drehungen um die drei Achsen eines rechtwinkligen Koordinatensystems, dessen Anfangspunkt im festgehaltenen Punkte liegt, willkürlich wählbar und sonach der Freiheitsgrad dieser Bewegung $f = 3$. Die Achsenflächen werden in diesem Falle zu Kegelflächen mit der Spitze im festgehaltenen Punkte; die mit dem Körper starr verbundene Kegelfläche rollt auf der im ruhenden Körper liegenden. Alle Körperpunkte beschreiben Bahnen auf konzentrischen Kugelflächen um den festgehaltenen Punkt; deshalb heißt die Bewegung auch eine sphärische.

Der momentane Geschwindigkeitszustand des Körpers ist hierbei der gleiche, wie bei der Drehung eines Körpers um eine ruhende Achse; es steht sonach die Geschwindigkeit eines jeden Körperpunktes senkrecht zu seiner Meridianebene und ist proportional seinem Abstand von der Drehachse. Zerlegt man diese Geschwindigkeit v in die Komponenten v_x, v_y, v_z und die Winkelgeschwindigkeit ω der

Drehung um die willkürliche Achse OD in die Komponenten ω_x, ω_y, ω_z (s. S. 89), dann lassen sich erstere in der Form

$$v_x = z\,\omega_y - y\,\omega_z\,, \qquad v_y = x\,\omega_z - z\,\omega_x\,, \qquad v_z = y\,\omega_x - x\,\omega_y$$

schreiben, wie man mittels der Gleitungsgeschwindigkeit (s. S. 108) der durch den Punkt x, y, z parallel zu den Koordinatenachsen liegenden Geraden leicht erkennt.

4. Wird ein bestimmter Körperpunkt gezwungen, sich dauernd auf einer **räumlichen starren** Kurve zu bewegen, so besitzt der Körper den Freiheitsgrad $f = 4$, denn er kann sich dann nicht nur um alle Achsen durch den geführten Punkt drehen, sondern auch eine Schiebung in Richtung der Kurventangente ausführen. Die Elementarbewegung des Körpers ist sonach im allgemeinen eine Schraubung und die Achsenflächen werden Linienflächen, von denen die bewegliche auf der ruhenden schrotet.

5. Ein Punkt des Körpers werde auf einer starren Fläche geführt. In diesem Falle kann sich der Körper nicht nur um alle durch diesen Punkt gehenden Achsen drehen, sondern auch in allen zur Tangentialebene parallelen Richtungen verschieben; nur die Schiebung in Richtung der Flächennormale bleibt ausgeschlossen. Es ist folglich der Freiheitsgrad $f = 5$. Bezüglich der Elementarbewegung und der Achsenflächen gilt dasselbe, wie im vorhergehenden Falle.

6. Der bewegte Körper berühre den ruhend gedachten Bezugskörper dauernd in einem Punkte der Oberflächen beider. Auch in diesem Falle ist der Freiheitsgrad des Körpers $f = 5$. Denn legen wir ein dreifach rechtwinkliges Koordinatensystem derart in den Körper, daß der Koordinatenanfang in den Berührungspunkt und die Z-Achse in die gemeinschaftliche Berührungsnormale der beiden Oberflächen fällt, so erkennt man sofort, daß die Bedingung der Berührung nur bei einer Schiebung in Richtung der Z-Achse nicht gewahrt wird, während die übrigen fünf Drehungen und Schiebungen um die bzw. längs der drei Achsen ganz willkürlich bleiben; es ist sonach $f = 5$.

Bei einer derartigen Bewegung wandert der Berührungspunkt auf der Oberfläche eines jeden der beiden sich berührenden Körper K und K_0 fort, und der geometrische Ort des Berührungspunktes B ist irgendeine von der Natur der Bewegung des Körpers abhängige Kurve b auf der Oberfläche von K, der von B_0 eine Kurve b_0 auf K_0. Beide Kurven berühren sich im augenblicklichen Berührungspunkte der Körper und haben eine gemeinsame Tangente, aber verschiedene Schmiegungsebenen. Bezeichnet B' einen Punkt auf b

(s. Fig. 126), der im Laufe der Bewegung mit dem Punkte B_0' der Kurve b_0 zusammenfällt, so ist im allgemeinen

$$\mathrm{arc}\,(B\,B') \gtreqless \mathrm{arc}\,(B_0\,B_0'),$$

d. h. die Wege des Berührungspunktes auf beiden Körpern sind im allgemeinen von verschiedener Länge. In einzelnen Sonderfällen führt jedoch diese Längenbeziehung zu besonderen Bewegungen, von denen die folgenden drei die wichtigsten sind:

a) Es sei $\widehat{B_0 B_0'} = \widehat{B B'} = 0$, d. h. der Berührungspunkt ändere seine Lage auf keinem der beiden Körper; dann ist nur eine Drehung von K gegen K_0 um die gemeinschaftliche Berührungsnormale (n) möglich, welche Bohren genannt wird.

b) Ist dagegen nur $\widehat{B B'} = 0$, und $\widehat{B_0 B_0'} > 0$, so ändert zwar der Punkt B auf der Oberfläche von K seine Lage nicht, wohl aber B_0 auf K_0; eine derartige Bewegung heißt Gleiten. Mit ihr kann aber ein Bohren verbunden sein, denn die Bedingung $\widehat{B B'} = 0$ bleibt erhalten, wenn sich K um die Berührungsnormale n dreht.

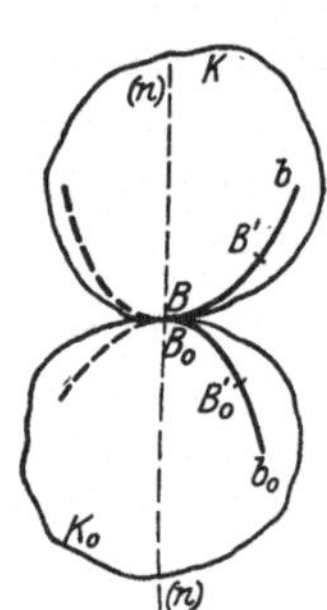

Fig. 126.

Es ist deshalb zweckmäßig, die Bewegung, welche Gleiten genannt werden soll, durch die weitere Forderung zu einer bestimmten zu machen, daß bei ihr Drehungen mit endlichem Drehwinkel um die Berührungsnormale nicht auftreten. Dieser Forderung wird genügt, wenn eine Ebene des Körpers K, welche die Berührungsnormale enthält, sich so bewegt, daß sie immer durch die Tangente der Kurve b_0 im augenblicklichen Berührungspunkte B_0 geht. Auf das gleiche kommt die Forderung hinaus, daß eine mit K starr verbunden gedachte Tangente der Kurve b im Punkte B bei der Bewegung die Kurve b_0 auernd berührt.

Die umgekehrte Bewegung der eben behandelten erhalten wir, wenn $\widehat{B_0 B_0'} = 0$ und $\widehat{B B'} > 0$ ist. Es vertauschen hierbei die Körper K und K_0 ihre Rollen, deshalb sei auch diese Bewegung Gleiten genannt.

c) Es sei $\widehat{B B'} = \widehat{B_0 B_0'}$, und zwar während der ganzen Dauer der Bewegung. In diesem Falle ist die Elementarbewegung von K gegen K_0 eine Drehung um eine durch den augenblicklichen Berührungspunkt gehende Gerade als Achse. Denn zerlegt man diese Drehung in zwei Drehungen um rechtwinklig sich schneidende Achsen, von denen die eine die Berührungsnormale, die andere eine gemeinschaftliche Tangente an die Oberflächen im Berührungspunkte ist, so deckt sich die Drehung um letztere augenblicklich mit der ebenen Bewegung eines starren Körpers, wie sie im 9. Kapitel behandelt wurden, bei der also die bewegliche Polkurve genannte Kurve μ auf der ruhenden Polkurve m rollt. Deshalb nennt man auch hier die besondere Bewegung ein Rollen (oder Wälzen) des Körpers K auf K_0, obwohl im allgemeinen noch eine bohrende Bewegung von K gegen K_0 um die Berührungsnormale n und eine Drehung um die Kurventangente hinzutritt.

Im allgemeinen treten alle drei Bewegungsarten des Bohrens, Gleitens und Rollens gleichzeitig auf, falls der Körper bei seiner Bewegung eine ruhende Fläche in einem Punkte seiner Oberfläche berührt.

Wie aus dem Umstande, daß der Freiheitsgrad der Bewegung des Körpers in den Fällen 5 und 6 $f = 5$ beträgt, hervorgeht, wird der Freiheitsgrad des Körpers durch die Bedingung, daß ein Körperpunkt auf einer gegebenen Fläche sich bewegen, bzw. eine Fläche von der Oberfläche des Körpers dauernd berührt werden soll, um 1 eingeschränkt. Die an diese Bedingung gebundene Bewegung des Körpers bleibt jedoch im allgemeinen eine Schraubung bzw. Schrotung.

7. Die Forderung, daß mehrere einzelne Punkte des Körpers auf vorgeschriebenen Flächen sich bewegen, bzw. mehrere Berührungen der Oberfläche des bewegten Körpers mit der des ruhenden stattfinden sollen, hat eine weitere Beschränkung der Bewegungsfreiheit zur Folge. Bezeichnen wir die Anzahl dieser Punkte bzw. der Berührungen mit β, welche Zahl man den Grad des Zwanges nennt, so ist der Freiheitsgrad der Bewegung des Körpers

$$f = 6 - \beta,$$

da jede derartige einzelne Bedingung den Freiheitsgrad um 1 einschränkt. Vorausgesetzt ist hierbei nur, daß die Bewegungsbeschränkungen voneinander unabhängig sind. Der Grad des Zwanges β kann alle Werte von 0 bis 6 haben, und so lassen sich alle möglichen gebundenen Bewegungen starrer Körper dadurch herbeiführen, daß man den Körper zwingt, sich so zu bewegen, daß β seiner Punkte auf gegebenen Flächen bleiben oder aber, daß er den ruhenden Körper in β Punkten der Oberfläche dauernd berührt.

Ist z. B. $\beta = 2$, also $f = 4$, so erhält man eine Bewegung, bei der das Bohren ausgeschlossen sein muß, weil die beiden Berührungsnormalen im allgemeinen nicht in eine Gerade fallen. Dagegen kann der Körper eine rollende Bewegung ausführen, indem er sich um die Verbindungslinie der Berührungspunkte dauernd dreht, wie z. B. die Kugel in dem Laufkranz eines Kugellagers (vgl. Fig. 109, S. 97).

Wenn ferner $\beta \geq 3$, also $f \leq 3$ ist, so muß im allgemeinen sowohl Bohren als Rollen ausgeschlossen bleiben, weil die Flächennormalen in den geführten Punkten sich kreuzende Geraden sind.

In dem Falle $\beta = 5$ wird $f = 1$, d. h. die Bewegung des Körpers eine zwangläufige, also ganz bestimmte, bei der alle Körperpunkte ganz bestimmte Bahnen beschreiben. Auch in diesem Falle ist die Elementarbewegung des Körpers eine Schraubung, deren Achse und Schraubenparameter durch die Lage der geführten Punkte und der Flächen, auf denen letztere sich zu bewegen gezwungen sind, vollständig und eindeutig bestimmt werden. Die Ermittlung der Schraubenachse aus den fünf Normalen der Flächen in den Berührungspunkten wird im allgemeinen recht umständlich; es soll auf sie deshalb nicht eingegangen werden.

Vereinfacht wird sie aber, falls einzelne Punkte des Körpers auf gegebenen Kurven sich zu bewegen gezwungen sind. Da jede Kurve als Schnittlinie zweier Flächen aufgefaßt werden kann, so entspricht die Bedingung, daß ein Körperpunkt auf einer Kurve geführt wird, dem Zwangsgrad $\beta = 2$, weil die Bewegung des Punktes an zwei Flächen gebunden ist. Wird sonach die Bewegung eines Körpers an die Bedingungen geknüpft, daß zwei Körperpunkte auf gegebenen Kurven sich bewegen müssen und ein dritter auf einer beliebigen Fläche, so erhält sie den Grad des Zwanges $\beta = 2 + 2 + 1 = 5$, und folglich den Freiheitsgrad $f = 6 - \beta = 1$. Da die Bewegung des Körpers sonach zwangläufig ist, so muß sich die Achse und der Parameter der Schraubung bestimmen lassen. Das kann auf folgendem Wege geschehen. Es seien A und B die beiden, auf Kurven geführten Punkte, dann sind die Richtungen ihrer Geschwindigkeiten v_A und v_B die der Tangenten an die Kurven und folglich bekannt. Um auch die Richtung der Geschwindigkeit v_C des auf der Fläche geführten Punktes C zu finden, benutzen wir den Satz, daß die Gleitungsgeschwindigkeit einer Geraden für alle ihre Punkte dieselbe Größe hat und die senkrechte Komponente der Geschwindigkeit in Richtung der Geraden für jeden ihrer Punkte ist. Nehmen wir nun z. B. die Geschwindigkeit v_A der Größe nach willkürlich an, bzw. stellen sie durch eine willkürliche Strecke dar, so erhalten wir aus ihr sofort die Gleitungsgeschwindigkeiten der Geraden AB und AC. Mittels der von AB findet sich sofort die Größe der Geschwindigkeit v_B, indem wir diese Gleitungsgeschwindigkeit in B antragen und in ihrem Endpunkte die zu AB senkrechte Ebene errichten; diese schneidet die Kurventangente des Punktes B im Endpunkte der Geschwindigkeit v_B. Bestimmen wir dann die Gleitgeschwindigkeit der Geraden $\overline{BC}$ aus v_B, tragen diese ebenso wie die der Geraden $\overline{AC}$ in C an und errichten in den Endpunkten derselben die beiden Normalebenen, so schneiden sich diese in einer Geraden, welche den Endpunkt der Geschwindigkeit v_C enthalten muß. Letztere Geschwindigkeit liegt aber auch in der Tangentialebene der Fläche im Punkte C: es trifft sonach die letzterwähnte Schnittlinie die Tangentialebene im gesuchten Endpunkte der Geschwindigkeit v_C. Da sich im vorliegenden Falle die Geschwindigkeiten dreier Körperpunkte bestimmen lassen, so können wir zur Ermittlung der Schraubenachse eines der beiden auf S. 108 und 109 mitgeteilten Verfahren anwenden. Das zweite ist insofern vorteilhafter, als wir dabei auch sofort den Schraubenparameter mit erhalten.

8. Eine dauernde Berührung des bewegten Körpers mit dem ruhenden in einer Kurve, d. i. in unendlich vielen Punkten, ist im allgemeinen unmöglich. Nur bei besonders gestalteten Oberflächen der sich berührenden Körper wird eine Berührung in einer Kurve und eine gegenseitige Bewegung möglich. Sind die beiden Oberflächen Linienflächen, so kann eine Berührung in einer Geraden stattfinden und die Bewegung ist dann eine schrotende. In besonderen Fällen, z. B. bei zwei Zylinderflächen, kann sogar ein Rollen eintreten; im allgemeinen, d. h. bei Berührungen in krummen Linien, ist jedoch nur ein Gleiten möglich. Als ein Beispiel für letzteren Fall sei auf die

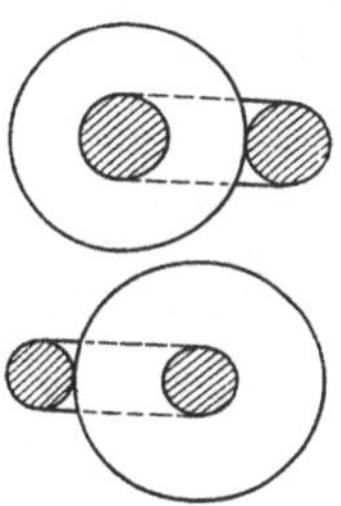

Fig. 127.

Berührung zweier Kreisringe in zwei Kreisen (s. Fig. 127) hingewiesen; die gegenseitige Bewegung beider Ringe hat, wie man sich leicht überzeugt, den Freiheitsgrad $f = 2$.

9. Erfolgt die Berührung der Körper in Flächen, so kann eine gegenseitige Bewegung nur bei besonderen Flächen eintreten, und zwar bei sog. sich selbst hüllenden Flächen, wie z. B. bei Schraubenflächen, Umdrehungsflächen, Mantelflächen von Prismen u. a. In allen Fällen ist nur eine gleitende Bewegung möglich. Je nach Art der Flächen ist der Freiheitsgrad verschieden. So z. B. ist er bei Schrauben- und Umdrehungsflächen gleich 1, bei Kreiszylindern gleich 2, bei Ebenen sowie bei Kugelflächen gleich 3.

Dreizehntes Kapitel.

Die Relativbewegung von Punkten gegen starre Körper.

Bewegen sich zwei Punkte A_1 und A_2 nach bestimmten Gesetzen gegen einen — meist ruhend gedachten — starren Körper K_3, so wird häufig die Frage aufgeworfen: wie bewegt sich dann A_1 gegen A_2 (oder A_2 gegen A_1), d. h. wie erscheint die Bewegung von A_1

einem Beobachter, der mit A_2 starr verbunden ist? Man nennt die letztere Bewegung die **scheinbare** oder **relative** von A_1 gegen A_2, während die Bewegungen von A_1 und A_2 gegen K_3 **wahre** oder **absolute** Bewegungen genannt werden. Diese Unterscheidung ist an sich nicht gerechtfertigt, denn es gibt überhaupt nur relative Bewegungen; der Bezugskörper ist es, der dem Worte Bewegung einen bestimmten Inhalt verleiht. Wenn gleichwohl die Benennung „Relativbewegung" zweier Punkte oder Körper noch gebraucht wird, so geschieht das nur, um hierdurch kurz auszudrücken, daß damit nicht die Bewegungen der Punkte gegen den gemeinsamen Bezugskörper gemeint sind.

Die Frage nach der Relativbewegung zweier Punkte wird nun gewöhnlich in einem viel weiteren Sinne verstanden als nur in dem nach dem Änderungsgesetz der Entfernung beider Punkte mit der Zeit, wie zunächst angenommen werden müßte. Schon die Frage nach der relativen Bahn von A_1 gegen A_2 macht klar, daß A_2 als Bezugskörper gedacht wird, da andernfalls die Bahnkurve gar nicht angegeben werden kann. Man denkt sich daher mit A_2 einen starren Bezugskörper K_2 verbunden und setzt von diesem voraus, daß er eine Schiebung mit A_2 vollzieht, letzteres, weil sich dann die Beantwortung der Frage besonders einfach gestaltet.

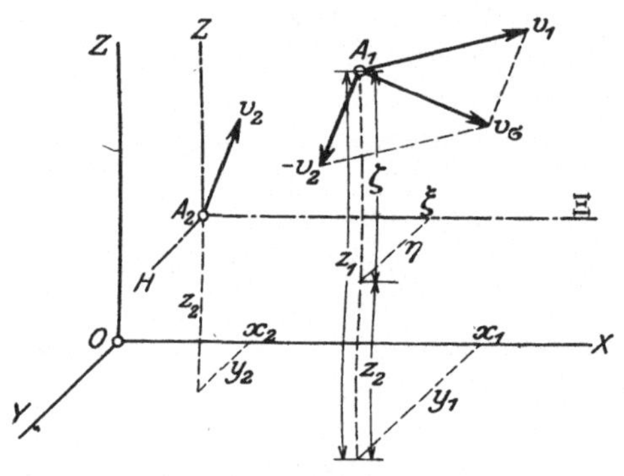

Fig. 128.

Die Bewegungen von A_1 und A_2 gegen den Bezugskörper K_3 seien gegeben durch die Koordinaten der Punkte gegen ein in K_3 gelegenes, sonst beliebiges Koordinatensystem (X, Y, Z) (s. Fig. 128) als eindeutige Funktionen der Zeit, und A_2 sei der Anfangspunkt eines Koordinatensystems $(\Xi, \mathrm{H}, \mathrm{Z})$, dessen Achsen stets parallel den entsprechenden des ruhenden Systems bleiben; dann führt der mit $(\Xi, \mathrm{H}, \mathrm{Z})$ starr verbundene ideelle Körper K_2 gegen K_3 eine Schiebung aus, bei der alle Körperpunkte die gleiche Bahnkurve in gleicher Weise beschreiben wie A_2. Die sogenannten **relativen** Koordinaten von A_1 gegen K_2 ergeben sich dann sofort zu

$$(69) \qquad \xi = x_1 - x_2, \qquad \eta = y_1 - y_2, \qquad \zeta = z_1 - z_2,$$

sonach als eindeutige Funktionen der Zeit, und damit ist die eigentliche Aufgabe gelöst, denn alles weitere folgt aus den Darlegungen des Kap. 6. Wir erhalten die Gleichungen der relativen Bahn durch Elimination der Zeit aus je zweien der drei Ausdrücke (69), ferner die Komponenten der **relativen Geschwindigkeit** v_σ durch Differentiation von (69) nach der Zeit zu

$$\dot\xi = \dot x_1 - \dot x_2, \qquad \dot\eta = \dot y_1 - \dot y_2, \qquad \dot\zeta = \dot z_1 - \dot z_2,$$

falls zur Abkürzung $\dfrac{du}{dt} = \dot u$ gesetzt wird. In Streckendarstellung wird sonach

$$
\begin{aligned}
v_\sigma = \dot\xi \mathbin{\widehat{+}} \dot\eta \mathbin{\widehat{+}} \dot\zeta &= (\dot x_1 - \dot x_2) \mathbin{\widehat{+}} (\dot y_1 - \dot y_2) \mathbin{\widehat{+}} (\dot z_1 - \dot z_2) \\
&= \dot x_1 \mathbin{\widehat{+}} \dot y_1 \mathbin{\widehat{+}} \dot z_1 - (\dot x_2 \mathbin{\widehat{+}} \dot y_2 \mathbin{\widehat{+}} \dot z_2) \\
&= v_1 \mathbin{\widehat{-}} v_2 \\
&= v_1 \mathbin{\widehat{+}} (- v_2),
\end{aligned}
$$

(69a) .

d. h. wir erhalten den Vektor v_σ als Diagonale eines Parallelogrammes, dessen Seiten v_1 und die entgegengesetzt gleiche Geschwindigkeit $- v_2$ von A_2 sind. Dieses Ergebnis stimmt völlig überein mit den Darlegungen des 10. Kap., S. 83, denn da K_2 eine Schiebung ausführt, so ist die Geschwindigkeit des augenblicklich mit A_1 zusammenfallenden Punktes des Körpers K_2 dieselbe wie die von A_2, d. i. v_2.

In der gleichen Weise ergeben sich auch die Komponenten der **relativen Beschleunigung** b_σ aus (9) durch zweimalige Differentiation nach der Zeit. Setzen wir zur Abkürzung $\dfrac{d^2 u}{dt^2} = \ddot u$, so wird

$$\ddot\xi = \ddot x_1 - \ddot x_2, \qquad \ddot\eta = \ddot y_1 - \ddot y_2 \qquad \ddot\zeta = \ddot z_1 - \ddot z_2$$

und folglich

$$
\begin{aligned}
b_\sigma = \ddot\xi \mathbin{\widehat{+}} \ddot\eta \mathbin{\widehat{+}} \ddot\zeta &= (\ddot x_1 - \ddot x_2) \mathbin{\widehat{+}} (\ddot y_1 - \ddot y_2) \mathbin{\widehat{+}} (\ddot z_1 - \ddot z_2) \\
&= \ddot x_1 \mathbin{\widehat{+}} \ddot y_1 \mathbin{\widehat{+}} \ddot z_1 - (\ddot x_2 \mathbin{\widehat{+}} \ddot y_2 \mathbin{\widehat{+}} \ddot z_2) \\
&= b_1 \mathbin{\widehat{-}} b_2 \\
&= b_1 \mathbin{\widehat{+}} (- b_2).
\end{aligned}
$$

(69 b)

Es ergibt sich sonach der Vektor b_σ, d. i. die Beschleunigung der Relativbewegung von A_1 gegen K_2 durch Zusammensetzung der absoluten Beschleunigung b_1 des Punktes A_1 mit der entgegengesetzt genommenen Beschleunigung b_2 des Punktes A_2 mittels des Parallelogrammes der Beschleunigungen, also genau auf demselben Wege wie die relative Geschwindigkeit v_σ.

Beispiele:

α) Der Punkt A_1 sei in Ruhe. Dann legen wir den Anfangspunkt des Koordinatensystems (X, Y, Z) nach A_1, womit sich $x_1 = y_1 = z_1 = 0$ und folglich

$$\xi = - x_2, \qquad \eta = - y_2, \qquad \zeta = - z_2$$

ergibt. Der Punkt A_1 beschreibt sonach gegen K_2 die in bezug auf A_1 symmetrische Bewegung des Punktes A_2 gegen K_3. So beschreibt z. B. die Sonne gegen die Erde eine Ellipse, die kongruent der Erdbahn um die Sonne ist, deren einer Brennpunkt in der Erde liegt und im entgegengesetzten Sinne durchlaufen wird.

β) Soll ein in Ruhe befindliches Ziel von einem fahrenden Schiff, dessen Geschwindigkeit c senkrecht zur Ziellinie gerichtet ist (s. Fig. 129), getroffen werden, so muß die Geschützrichtung von der Ziellinie entgegen der Fahrtrichtung um einen Winkel δ abweichen, der durch die Beziehung $\sin\delta = \dfrac{c}{v_\sigma}$ bestimmt ist. Denn hier hat man $v_2 = c$ und v_σ als die bekannte Anfangsgeschwindigkeit des Geschosses einzuführen, während $v_1 = v_\sigma \cos\delta$ die wahre Geschwindigkeit des Geschosses gegen den Erdkörper bedeutet.

γ) Von zwei verschiedenen Stellen A_{01} und A_{02} aus werden zwei schwere Punkte im luftleeren Raume mit beliebigen Anfangsgeschwindigkeiten v_{01} und v_{02} gleichzeitig geworfen (s. Fig. 130);

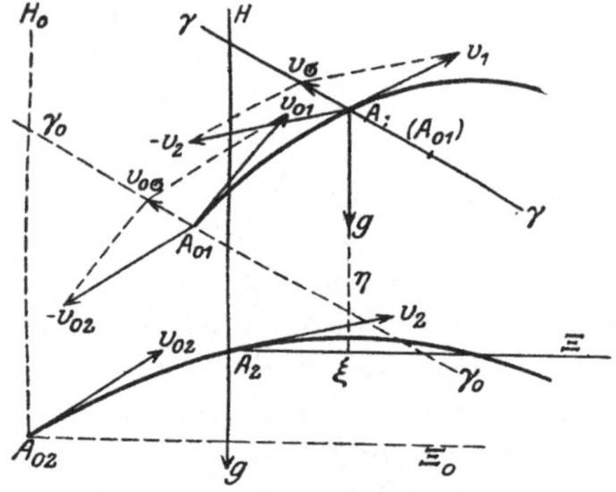

Fig. 129. Fig. 130.

es soll die Relativbewegung von A_1 gegen A_2 bestimmt werden. In diesem Falle sind die beiden Beschleunigungen der Punkte als die des freien Falles gleich g; sonach wird die Beschleunigung der Relativbewegung

$$b_\sigma = b_1 \widehat{+} (-b_2) = g - g = 0.$$

Daraus folgt, daß sich A_1 gegen A_2 auf einer Geraden (γ) gleichförmig bewegt, und zwar mit der Geschwindigkeit

$$v^\sigma = v_1 \widehat{+} (-v_2) = v_{01} \widehat{+} (-v_{02}) = v_{0\sigma}.$$

Die Richtung von γ wird bestimmt durch die der relativen Anfangsgeschwindigkeit $v_{0\sigma}$ (s. Fig. 130).

δ) Bekanntlich beträgt die Schwingungsdauer eines sog. mathematischen Pendels von der Länge l, kleine Schwingungen vorausgesetzt,

$$T_0 = \pi \sqrt{\frac{l}{g}}.$$

Würde man ein solches Pendel auf einen Fahrstuhl bringen, der mit der Beschleunigung b_2 nach abwärts fährt, so erhält der schwingende Punkt A_1, dessen Beschleunigung an sich $b_1 = g$ beträgt, die relative Beschleunigung

$$b_\sigma = g - b_2;$$

es wird folglich

$$T = \pi \sqrt{\frac{l}{b_\sigma}} = \pi \sqrt{\frac{l}{g - b_2}}\,.$$

Auf dem beschleunigt nach abwärts gehenden Fahrstuhl schwingt demnach das Pendel langsamer, weil $T > T_0$ ist. Wird die Bewegung des Fahrstuhles gleichförmig, also $b_2 = 0$, so erhält man $b_\sigma = g$, folglich $T = T_0$; das Pendel schwingt dann ebenso schnell wie in dem ruhenden Fahrstuhl. Geht die Bewegung in eine verzögerte über, d. h. wird b_2 negativ, so erhält man $b_\sigma = g + b_2$, und

$$T = \pi \sqrt{\frac{l}{g + b_2}}$$

kleiner als T_0; dann schwingt das Pendel schneller. Das gleiche tritt ein, wenn der Fahrstuhl beschleunigt nach aufwärts geht, während bei der verzögerten Aufwärtsbewegung des Fahrstuhls das Pendel wieder langsamer schwingt als bei der gleichförmigen Bewegung.

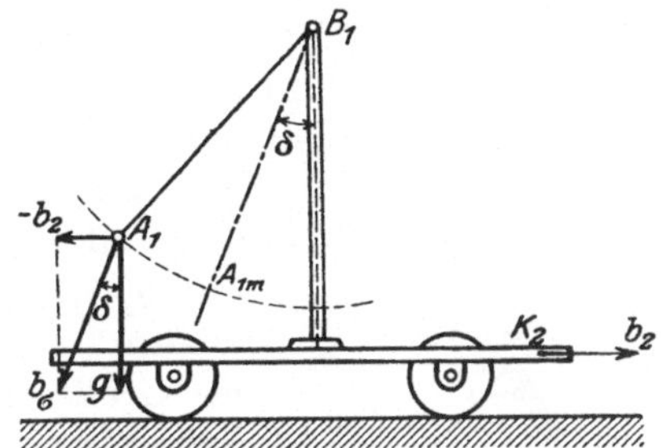

Fig. 131.

ε) Befindet sich das Fahrpendel auf einem horizontal mit der Beschleunigung b_2 fahrenden Wagen (s. Fig. 131), so wird die Beschleunigung der Bewegung des Punktes A_1 gegen den Wagen K_2

$$b_\sigma = b_1 \mathbin{\widehat{\mp}} (-b_2) = g \mathbin{\widehat{\mp}} (-b_2) = \sqrt{g^2 + b_2{}^2}\,,$$

die mit der Lotrichtung den Winkel

$$\delta = \arctan \frac{b_2}{g}$$

einschließt. In diesem Falle schwingt das Pendel symmetrisch zu einer Geraden $B_1 A_{1m}$ durch den Aufhängepunkt B_1 parallel zu b_σ, und zwar schneller als bei der gleichförmigen Bewegung des Wagens, weil $b_\sigma > g$ ist. Bei der verzögerten Bewegung des Wagens schwingt das Pendel symmetrisch zu einer Geraden, die im Sinne der Fahrtrichtung, also nach der anderen Seite von der Lotrichtung abweicht.

Auch die Umkehrung der behandelten Aufgabe, nämlich die Ermittlung der wahren Bewegung eines Punktes aus der wahren Bewegung eines in Schiebung begriffenen Körpers und der scheinbaren Bewegung des Punktes gegen den Körper kann durch die Beziehungen (69) gelöst werden, denn aus ihnen folgt

$$(70) \qquad x_1 = x_2 + \xi, \qquad y_1 = y_2 + \eta, \qquad z_1 = z_2 + \zeta,$$

d. h. wir finden die Koordinaten des Punktes A_1 bezüglich des Bezugskörpers K_3 als eindeutige Funktionen der Zeit. Ferner erhalten wir sofort

$$(70\,\mathrm{a}) \qquad v_1 = v_2 \mathbin{\widehat{\mp}} v_\sigma$$

und

$$(70\,\mathrm{b}) \qquad\qquad b_1 = b_2 \,\widehat{\mp}\, b_\sigma,$$

also die wahre Geschwindigkeit und Beschleunigung des Punktes A_1 durch Zusammensetzung von v_2 und v_σ bzw. b_2 und b_σ mittels der entsprechenden Parallelogramme.

Zwei Beispiele sind schon im 10. Kapitel, S. 84 und 85 behandelt worden; auf diese kann hier verwiesen werden.

Nicht immer sind die relativen Bewegungen, Geschwindigkeiten und Beschleunigungen an sich gegeben, sondern vielmehr an Bedingungen gebunden, die zur Lösung der betreffenden Aufgaben führen. Wenn z. B. eine geradlinige Röhre K_2 mit der Geschwindigkeit v_2 in bestimmter Richtung eine Schiebung ausführt (s. Fig. 132), und es soll A_1 mit der der Größe nach gegebenen wahren Geschwindigkeit v_1 so geworfen werden, daß A_1 sich durch die Röhre bewegt, so bestimmt sich die Richtung von v_1 gegen v_2, indem man durch den Endpunkt des Vektors $\mathfrak{v}_2$ eine Parallele zur Rohrachse legt und diese mit dem Kreis vom Radius $\mathfrak{v}_1$ von A_1 aus schneidet. Damit wird die gesuchte Richtung von $\mathfrak{v}_1$ festgelegt und zugleich die Größe der relativen Geschwindigkeit v_σ. Bezeichnet ε den Winkel zwischen v_1 und v_2, α den zwischen v_σ und v_2, so findet sich ε aus der Beziehung

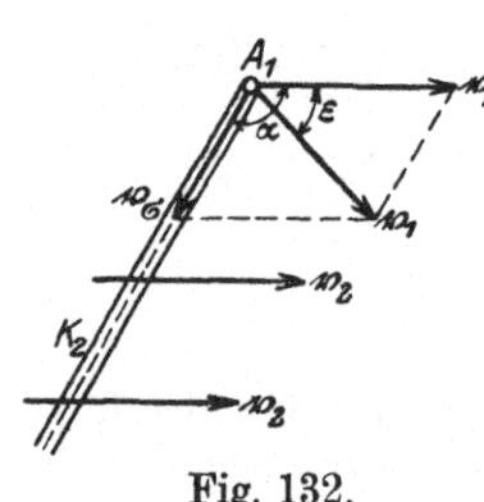

Fig. 132.

$$\sin(\alpha - \varepsilon) = \frac{v_2}{v_1}\sin\alpha$$

und dann

$$v_\sigma = v_1 \cdot \frac{\sin\varepsilon}{\sin\alpha}.$$

Die Aberration der Fixsterne läßt sich nach dem Vorstehenden einfach erklären und berechnen. Wäre die Röhre das Fernrohr, durch das ein Fixstern beobachtet wird, und das sich mit der Erde schiebend mit der Geschwindigkeit $v_2 = v$ bewegt, und würde der vom Stern ausgehende Lichtstrahl, dessen Geschwindigkeit $v_1 = c$ sei, senkrecht zur Erdbahn, also zu v stehen, dann müßte die Rohrachse von der Richtung von v um den Winkel $= \dfrac{\pi}{2} + \delta$ abweichen, also von v_1 um δ, damit der Lichtstrahl in die Rohrachse fällt. Dann aber liefert die erste der beiden Gleichungen, in denen $\varepsilon = \dfrac{\pi}{2}$ zu setzen ist,

$$\sin\left(\frac{\pi}{2} + \delta - \frac{\pi}{2}\right) = \frac{v}{c}\sin\left(\frac{\pi}{2} + \delta\right)$$

und folglich

$$\tan\delta = \frac{v}{c}.$$

Man ersieht daraus, daß der Aberrationswinkel δ nur von den Geschwindigkeiten v und c abhängt. Da im Mittel $v = 30\,\mathrm{km\,s^{-1}}$ und $c = 3.10^5\,\mathrm{km\,s^{-1}}$ ist, so wird $\tan\delta = 0,0001$ und $\delta = 20,5$ Bogensekunden.

Auch bei den sog. **Verfolgungskurven**, die von einem Punkt A_2 beschrieben werden, der sich dauernd in Richtung der Verbindungslinie mit einem irgendwie sich bewegenden Punkt A_1 bewegt, ist die Ermittlung der Bewegung eine indirekte, Ist das Gesetz bekannt, nach dem die Geschwindigkeit v_2 ihrer Größe nach von der Zeit abhängt, also z. B.

$$v_2 = \varphi_2(t),$$

so erhält man durch Elimination der Zeit aus dieser und den Bedingungsgleichungen für die Richtung von v_2 die beiden Differentialgleichungen der Verfolgungskurve. Ist die Bahn des Punktes A_1 eine ebene Kurve und die Anfangslage von A_2 in deren Ebene gelegen, so wird auch die Bahn von A_2 eben.

Ein einfacher Sonderfall dieser Art ist der folgende. Es bewege sich A_1 gleichförmig auf einer Geraden (s. Fig. 133) mit der Geschwindigkeit c_1 von der Lage A_{01} aus, während A_2 seine Bewegung in A_{02} beginnt, welcher Punkt den Abstand a_1 von der Geraden hat. Dann wird die Verfolgungskurve eine ebene, und wir wählen als X-Achse eines rechtwinkligen Koordinatensystems das Lot $A_{02}F_1$ auf die Gerade, als Koordinatenanfang den Punkt A_{02}. Es ist dann $x_1 = a_1$, $y_1 = y_{01} + c_1 \cdot t$. Ferner sei v_2 konstant gleich c_2, und die Richtung von v_2 bestimmt durch die der Verbindungslinie $\overline{A_2 A_1}$, die mit der X-Achse den Winkel τ_2 einschließen mag; es wird sonach

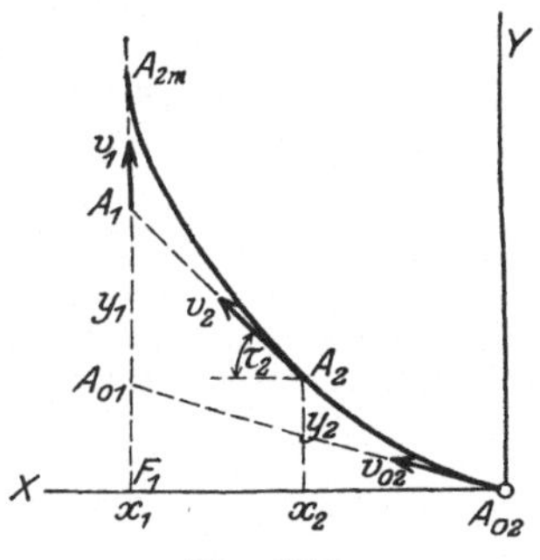

$$\tan\tau_2 = \frac{y_1 - y_2}{x_1 - x_2}$$

und

$$v_2 = \sqrt{\left(\frac{dx_2}{dt}\right)^2 + \left(\frac{dy_2}{dt}\right)^2} = c_2,$$

Fig. 133.

falls x_2 und y_2 die Koordinaten der Verfolgungskurve bezeichnen. Setzen wir zur Abkürzung

$$\frac{dy_2}{dx_2} = \tan\tau_2 = q,$$

so erhalten wir die beiden Bedingungsgleichungen

$$\frac{d x_2}{d t} \cdot \sqrt{1 + q^2} = c_2$$

$$y_1 - y_2 = (x_1 - x_2)\, q .$$

Differenziert man letztere nach der Zeit unter Berücksichtigung der Ausdrücke für x_1 und y_1, so findet sich

$$c_1 \cdot d t = (a_1 - x_2)\, d q$$

und nach Elimination von $d t$ aus dieser und ersterer

$$\frac{d q}{\sqrt{1 + q^2}} = k \cdot \frac{d x_2}{a_1 - x_2} ,$$

falls $\dfrac{c_1}{c_2} = k$ gesetzt wird.   Die Integration letzterer Gleichung liefert

$$\ln\left(q + \sqrt{1 + q^2}\right) = \ln\left(\frac{C}{(a_1 - x_2)^k}\right)$$

bzw.

$$q + \sqrt{1 + q^2} = C \cdot (a_1 - x_2)^{-k} .$$

Die Integrationskonstante C bestimmt sich aus der **Anfangslage** von A_2, d. h. für $x_2 = 0$ wird $q = \tan \tau_{02} = \dfrac{y_{01}}{a_1} = q_0$ und sonach

$$C = \left\{ q_0 + \sqrt{1 + q_0^2} \right\} \cdot a_1^{\,k} .$$

Aus der Integralgleichung erhält man nun

$$q = \frac{d y_2}{d x_2} = \tfrac{1}{2}\, C\, (a_1 - x_2)^{-k} - \frac{1}{2 C}\, (a_1 - x_2)^k$$

und durch nochmalige Integration

$$y_2 = - \frac{C}{2}\, \frac{(a_1 - x_2)^{1-k}}{1 - k} + \frac{1}{2 C} \cdot \frac{(a_1 - x_2)^{1+k}}{1 + k} + C_0 .$$

Die Integrationskonstante C_0 findet man aus vorstehender Gleichung für $x_2 = y_2 = 0$, so daß dann als Gleichung der Verfolgungskurve

$$y_2 = \frac{C}{2(1-k)} \left[a_1^{1-k} - (a_1 - x_2)^{1-k} \right] - \frac{1}{2\, C\, (1+k)} \left[a_1^{1+k} - (a_1 - x_2)^{1+k} \right]$$

sich ergibt. Der Punkt A_2 holt A_1 nur ein, wenn $c_2 > c_1$, d. i. $k < 1$, und zwar geschieht das, wenn $x_2 = a_1$ geworden ist, im Abstande

$$y_{2m} = \frac{C \cdot a_1^{1-k}}{2(1-k)} - \frac{a_1^{1+k}}{2\, C\, (1+k)} = y_{1m}$$

und nach Verlauf der Zeit $t_m = \dfrac{y_{2m} - y_{01}}{c_1}$. In dem entsprechenden Punkte A_{2m} der Kurve berührt sie die Gerade, weil für $x_2 = a_1$ $q = \tan \tau_2 = \infty$ wird.

Die vorausgegangenen Erörterungen zeigen, daß die Ermittlung der relativen Beschleunigung eines Punktes ebenso einfach wie die der Geschwindigkeit ist, falls es sich um die Relativbewegung eines Punktes gegen einen starren Körper handelt, der eine Schiebung gegen den Bezugskörper ausführt. Ganz anders wird die Lösung der entsprechenden Aufgabe, falls der Körper eine Drehung gegen den Bezugskörper vollzieht.

Es sei DD (s. Fig. 134) die Achse, um welche sich der Körper K dauernd dreht, welche also sowohl in K, als im Bezugskörper K_0 festliegt. Wir wählen diese Achse zur Z-Achse eines ruhenden, d. i. mit K_0 starr verbundenen Koordinatensystems, ferner im Körper K eine Ebene, welche die XY-Ebene des ruhenden Koordinatensystems in der Geraden $O\Xi$ schneiden möge. Der Winkel $XO\Xi = \varphi$ ist dann der, den die Ebene ΞOD mit der XOZ-Ebene zur Zeit t einschließt und als Drehwinkel des Körpers angesehen werden kann. Die Beziehung

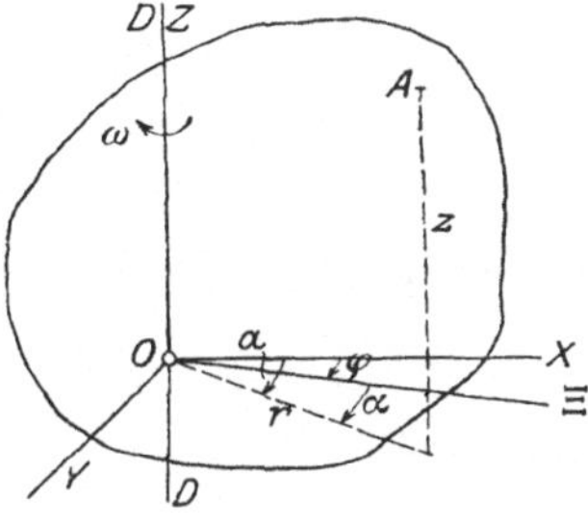

Fig. 134.

$$\varphi = f(t)$$

bestimmt die Drehbewegung des Körpers K gegen K_0, insbesondere ist

$$\frac{d\varphi}{dt} = f'(t) = \omega$$

die Winkelgeschwindigkeit und

$$\frac{d\omega}{dt} = f''(t) = \varepsilon$$

die Winkelbeschleunigung der Drehung zur Zeit t.

Es sei nun die Bewegung eines Punktes A gegen den Bezugskörper K_0 gegeben und es soll die relative Bewegung desselben gegen den sich drehenden Körper K, insbesondere die Beschleunigung dieser Relativbewegung ermittelt werden. Zu dem Ende benutzen wir zur Darstellung der wahren wie der scheinbaren Bewegung von A Zylinderkoordinaten (s. Kap. 7), und zwar seien r, a, z die wahren, ϱ, α, ζ die scheinbaren Koordinaten von A. Es bedeutet hierbei r bzw. ϱ den Abstand des Punktes A von der Drehachse, a den Winkel zwischen der Meridianebene von A und der XOZ-Ebene und α den zwischen der Meridianebene von A und der ΞOD-Ebene. Die gesuchte Relativbewegung ist nun sofort bestimmt durch die unmittelbar einleuchtenden drei Beziehungen (s. Fig. 134)

$$(71) \qquad \varrho = r, \quad \alpha = a - \varphi, \quad \zeta = z,$$

welche die relativen Koordinaten als Funktionen der Zeit ergeben, aus denen die Bahn, Geschwindigkeit und Beschleunigung der gesuchten Bewegung, wie in Kap. 7 auseinandergesetzt, hervorgehen.

Bezeichnet v die wahre und v_σ die scheinbare Geschwindigkeit von A und zerlegen wir beide in die Komponenten, welche (s. S. 61) die **radiale**, die **zirkulare** und die **axiale** genannt wurden, so werden letztere unter Benutzung der Abkürzung $\dfrac{du}{dt} = \dot u$

$$v_r = \dot r, \qquad v_a = r\cdot\dot a, \qquad v_z = \dot z;$$

$$v_\varrho = \dot\varrho, \qquad v_\alpha = \varrho\cdot\dot\alpha, \qquad v_\zeta = \dot\zeta.$$

Da nun

$$v_\sigma = v_\varrho \,\widehat{+}\, v_\alpha \,\widehat{+}\, v_\zeta = \dot\varrho \,\widehat{+}\, \varrho\cdot\dot\alpha \,\widehat{+}\, \dot\zeta,$$

so erhält man, gestützt auf die Gleichungen (71),

$$v_\sigma = \dot r \,\widehat{+}\, r(\dot a - \dot\varphi) \,\widehat{+}\, \dot z = v_r \,\widehat{+}\, v_a \,\widehat{+}\, v_z \,\widehat{+}\, (-r\cdot\omega)$$

und, weil

$$v = v_r \,\widehat{+}\, v_a \,\widehat{+}\, v_z,$$

die schon früher gefundene allgemeiner gültige Beziehung (58) in der besonderen Form

$$(72) \qquad\qquad v_\sigma = v \,\widehat{+}\, (-r\cdot\omega),$$

welche sagt, daß die scheinbare Geschwindigkeit eines Punktes gegen einen sich bewegenden Körper gefunden wird durch Zusammensetzung der wahren Geschwindigkeit des Punktes mit der entgegengesetzt genommenen des Körperpunktes, mit dem der bewegte Punkt augenblicklich zusammenfällt.

Bezüglich der Beschleunigungen verfahren wir ähnlich. Wir zerlegen die wahre Beschleunigung b wie die scheinbare b_σ in radiale, zirkulare und axiale Komponenten, dann erhält man nach (48) (S. 61) für sie die Ausdrücke

$$b_r = \ddot r - r\dot a^2, \qquad b_a = 2\dot r\dot a + r\ddot a, \qquad b_z = \ddot z$$

und

$$b_\varrho = \ddot\varrho - \varrho\dot\alpha^2, \qquad b_\alpha = 2\dot\varrho\dot\alpha + \varrho\ddot\alpha, \qquad b_\zeta = \dot\zeta.$$

Folglich erhält man unter Benutzung der Gleichungen (71) zunächst

$$b = \ddot r - r(\dot a - \dot\varphi)^2 = b_r + 2r\dot\alpha\dot\varphi - r\dot\varphi^2 = b_r - r\omega^2 + 2r\omega(\dot\varphi + \dot\alpha)$$
$$= b_r + r\omega^2 + 2\omega v_\alpha;$$

$$b_\alpha = 2\dot r(\dot a - \dot\varphi) + r(\ddot a - \ddot\varphi) = 2\dot r\dot a + r\ddot a - r\frac{d\omega}{dt} - 2\omega\dot r$$
$$= b_a - r\varepsilon - 2\omega v_\varrho;$$

$$\dot b_\zeta = \ddot z = b_z.$$

Durch Zusammensetzung dieser drei Komponenten mittels des Parallelepipedes der Beschleunigungen findet sich schließlich

$$b_\sigma = b_\varrho \;\widehat{\mp}\; b_a \;\widehat{\mp}\; b_\zeta = (b_r + r\omega^2 + 2\,\omega v_a)\;\widehat{\mp}\;(b_a - r\varepsilon - 2\,\omega v_\varrho)\;\widehat{\mp}\; b_z$$
$$= b_r \;\widehat{\mp}\; b_a \;\widehat{\mp}\; b_z \;\widehat{\mp}\; r\omega^2 \;\widehat{\mp}\;(-r\varepsilon)\;\widehat{\mp}\; 2\,\omega v_u \;\widehat{\mp}\;(-2\,\omega v_\varrho).$$

In diesem Ausdruck ist $b_r \;\widehat{\mp}\; b_a \;\widehat{\mp}\; b_z = b$, ferner bedeuten $+r\omega^2$ und $-r\varepsilon$ die entgegengesetzt genommenen Komponenten der Beschleunigung des Körperpunktes, mit dem A augenblicklich zusammenfällt. Bezeichnen wir letztere Beschleunigung mit b_k, so ist

$$r\omega^2 \;\widehat{\mp}\;(-r\varepsilon) = -b_k = \sqrt{(r\omega^2)^2 + (r\varepsilon)^2}\;.$$

Setzt man auch die beiden noch übrigen Komponenten zusammen, so hat man zu beachten, daß $2\,\omega v_a$ radial nach außen (s. Fig. 135), dagegen $2\,\omega v_\varrho$ senkrecht die Drehachse kreuzend nach der Seite hin gerichtet ist, die sich dem Drehsinn entgegensetzt. Da die resultierende Beschleunigung beider als Diagonale des Parallelogrammes, dessen Seiten $2\,\omega v_a$ und $2\,\omega v_\varrho$ sind, sich zu

$$b_\gamma = \sqrt{(2\,\omega v_a)^2 + (2\,\omega v_\varrho)^2} = 2\,\omega\sqrt{v_\varrho^2 + v_a^2} = 2\,\omega v_\nu$$

ergibt, und die Geschwindigkeit $v_\nu = v_\varrho \;\widehat{\mp}\; v_a$ die Komponente von v_σ in der Richtung senkrecht zur Komponente v_ζ ist, also, falls δ den Winkel zwischen v_σ und v_ζ bezeichnet, in der Form

$$v_\nu = v_\sigma \cdot \sin\delta$$

geschrieben werden kann, so nimmt jene Beschleunigung b_γ die Gestalt

$$(73)\qquad b_\gamma = 2\,\omega v_\sigma \cdot \sin\delta$$

an. Ferner ist leicht zu erkennen, daß $b_\gamma \perp v_\nu$ ist, denn es wird

$$\tan\vartheta = \frac{2\,\omega v_\varrho}{2\,\omega v_a} = \frac{v_\varrho}{v_a},$$

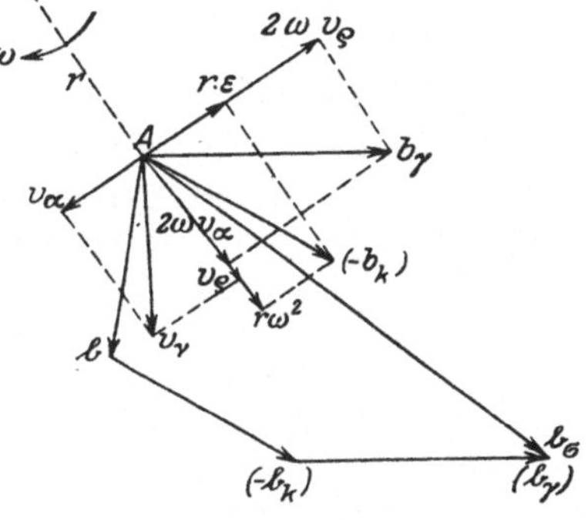

Fig. 135.

d. h. v_ν schließt mit v_a denselben Winkel ϑ ein, wie b_γ mit v_ϱ. Sonach e halten wir für b_σ den folgenden Ausdruck

$$(74)\qquad\qquad b_\sigma = b \;\widehat{\mp}\;(-b_k)\;\widehat{\mp}\; b_\gamma\,,$$

welcher den von **Coriolis** zuerst bewiesenen **Satz** ausdrückt:

Die Beschleunigung der relativen Bewegung eines Punktes gegen einen, um eine ruhende Achse sich drehenden Körper setzt sich aus folgenden drei Komponenten zusammen: 1. der Beschleunigung der wahren Bewegung des Punktes; 2. der entgegengesetzt genommenen Beschleunigung des Körperpunktes, mit dem der bewegte Punkt augenblicklich zusammenfällt; 3. einer Beschleunigung b_γ, deren Größe $2\omega v_\sigma \sin\delta$ ist, falls ω die Winkelgeschwindigkeit des sich drehenden Körpers, v_σ die relative Geschwindigkeit des Punktes gegen den Körper und δ den Winkel zwischen v_σ und der Drehachse bezeichnet und die die Drehachse in dem der Drehung entgegengesetzten Sinne senkrecht zu v_ν rechtwinklig kreuzt.

Die Beschleunigung b_γ wird nach ihrem Entdecker „zusammengesetzte Zentrifugalbeschleunigung", in neuerer Zeit Coriolis- oder Zusatzbeschleunigung genannt. Ihr Hinzutreten als Komponente zu b und $-b_k$ ist eine notwendige Folge der Richtungsänderung, welche die relative Geschwindigkeit v_σ infolge der Drehung des Körpers erfährt, wobei zu beachten ist, daß nur die Komponente $v_\nu = v_\sigma \cdot \sin\delta$ ihre Richtung ändert, nicht aber $v_\zeta = v_\sigma \cdot \cos\delta$. Hiermit steht in Zusammenhang das Auftreten der beiden Komponenten von b_γ, nämlich von $2\,\omega v_\varrho$ und $2\,\omega v_\alpha$ bei der Darstellung der Beschleunigungen mittels ebener Polarkoordinaten (vgl. S. 57). Die Zusammensetzung der drei Beschleunigungen b, $-b_k$ und b_γ durch geometrische Addition der entsprechenden Vektoren ist in Fig. 135 eingetragen.

Beispiele:

1. Relative Ruhe. Ist der Punkt A gegen den Körper K in Ruhe, also $v_\sigma = 0$, so wird auch $b_\gamma = 0$ und $b_\sigma = b \mathbin{\widehat{+}} (-b_k)$. Daraus folgt u. a. das Gesetz, nach dem sich die Beschleunigung des freien Falles an der Erdoberfläche ändert. Die Erde sei eine Kugel vom Radius $\overline{CA} = R$ und A ein Punkt an deren Oberfläche unter der geographischen Breite β (s. Fig. 136). Die Erde drehe sich gleichförmig mit der Winkelgeschwindigkeit

$$\omega_0 = 0{,}0000729\ \text{s}^{-1}$$

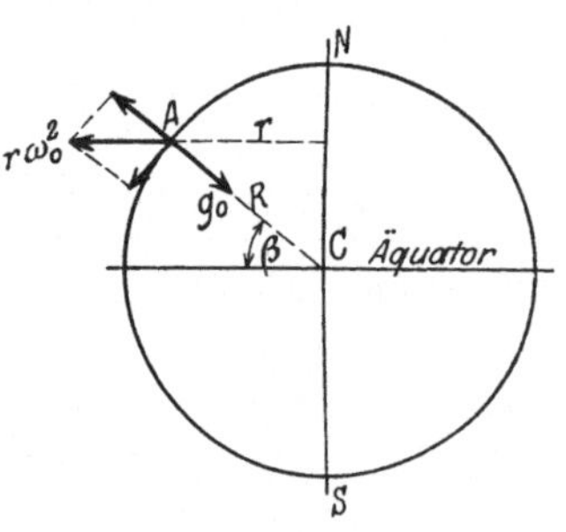

Fig. 136.

um ihre Achse, so daß $\varepsilon = \dfrac{d\omega}{dt} = 0$ zu setzen ist. Bezeichnet $r = R \cdot \cos\beta$ den Abstand des Punktes A von der Drehachse, so wird die Beschleunigung $b_k = r \cdot \omega_0^2$ nach innen, $(-b_k)$ folglich nach außen und senkrecht zur Drehachse gerichtet. Die Beschleunigung des freien Falles im Punkte A bei ruhender Erde sei g_0; sie hat die Lotrichtung. Zerlegen wir $(-b_k)$ in Komponenten in Richtung des Lotes und der Meridiantangente, so wird erstere gleich $r\omega_0^2 \cdot \cos\beta = R\omega_0^2 \cos^2\beta$, und um diese hat man g_0 zu vermindern, um die Beschleunigung g des freien Falles in der Lotrichtung zu erhalten. Wir finden sonach

$$g = g_0 - R\omega_0{}^2 \cos^2\beta \, .$$

Nehmen wir g_0 an der Erdoberfläche als unveränderlich an, so bedeutet diese Beschleunigung die am Nord- und Südpol $\left(\beta = \dfrac{\pi}{2}\right)$. Schreibt man g in der Gestalt

$$g = g_{ae} + R\,\omega_0{}^2 \cdot \sin^2\beta \, ,$$

so bedeutet

$$g_{ae} = g_0 - R\,\omega_0{}^2$$

die Beschleunigung am Äquator und diese ist $= 9{,}781\,06$ ms^{-2}. Mit $R = 6\,370\,000$ m erhält man

$$R \cdot \omega_0{}^2 = 0{,}033\,87 \text{ ms}^{-2}$$

und

$$g_0 = 9{,}814\,93 \text{ ms}^{-2}.$$

Die für g hiernach sich ergebende Beziehung

$$g = 9{,}781\,06 + 0{,}033\,87 \sin^2\beta$$

ist jedoch nicht genau, da sich g_0 mit der Massenverteilung ändert. Hierzu kommt, daß die Erde keine Kugel, sondern ein abgeplattetes Rotationsellipsoid ist, und daß auch die Höhe h des Ortes über dem Meeresspiegel Einfluß auf g hat. Auf Grund zahlreicher Messungen hat sich die empirische Formel

$$g = 9{,}779\,886 + 0{,}052\,210 \sin^2\beta - 0{,}000\,003\,h$$

herausgestellt, in der h in m einzusetzen ist.

2. Der freie Fall an der Erdoberfläche.

Fällt ein schwerer Körper aus der Ruhelage A_0 (s. Fig. 137) im luftleeren Raume auf die Erde, so unterliegt seine relative Fallbewegung gegen die sich gleichförmig drehende Erde folgenden Beschleunigungen: a) in Richtung des Lotes der vorher ermittelten Beschleunigung g, die als konstant angesehen werden darf, wenn die Fallhöhe h nicht sehr groß ist; b) einer horizontal nach Süden gerichteten Komponente von $r \cdot \omega_0{}^2$, deren Größe

$$r \cdot \omega_0{}^2 \cdot \sin\beta = R \cdot \omega_0{}^2 \sin\beta \cdot \cos\beta$$

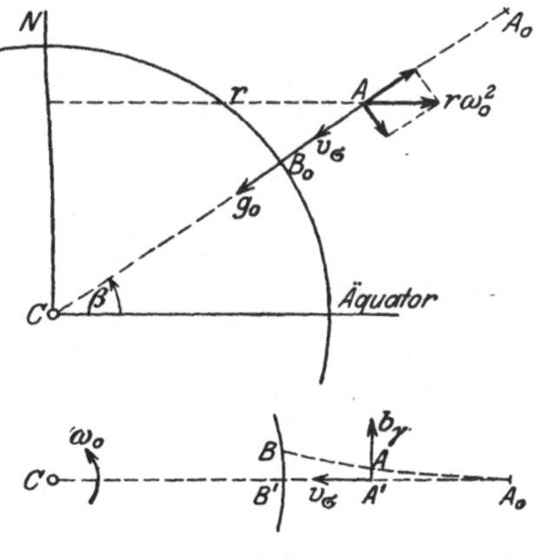

Fig. 137.

ist und deren Einfluß später berücksichtigt werden soll; c) der Coriolisbeschleunigung $b_\gamma = 2\,\omega_0\,v_\sigma \sin\delta$, die senkrecht zur Lotrichtung, also tangential an den Breitenkreis durch A und entgegengesetzt dem Drehsinn der Erde anzutragen ist und daher die Richtung von West nach Ost hat, weil v_σ nach abwärts gerichtet angenommen werden kann; in der Formel für b_γ hat man $\delta = \dfrac{\pi}{2} - \beta$ zu setzen, während v_σ mit weitestgehender Annäherung durch die Fallgeschwindigkeit $v_\lambda = g \cdot t$ im luftleeren Raume zu ersetzen ist. Sonach erhält man

$$b_\gamma = 2\,\omega_0\,g\cos\beta \cdot t \, .$$

Diese Beschleunigung bewirkt, daß der Punkt A sich von der Lotlinie entfernt, und zwar sei diese Abweichung vom Lote zur Zeit t

$$\overline{A'A} = x\,;$$

dann findet sich für x die Differentialgleichung

$$\frac{d^2 x}{d t^2} = b_\gamma = 2\,\omega_0\,g\cdot\cos\beta\cdot t\,,$$

deren Integration unter Berücksichtigung des Umstandes, daß bei Beginn der Bewegung zur Zeit $t = t_0 = 0$ sowohl $\dfrac{dx}{dt}$ als auch x Null sind,

$$x = \omega_0\,g\cos\beta\cdot\frac{t^3}{3}$$

ergibt. Setzen wir $\overline{A_0 A'} = u$ und beachten, daß

$$u = \tfrac{1}{2}\,g\,t^2\,,$$

so wird

$$x = \tfrac{2}{3}\,\omega_0\,u\,\sqrt{\frac{2\,u}{g}}\cdot\cos\beta$$

und folglich die östliche Abweichung des aus der Höhe $u = h$ fallenden Körpers vom Lotfußpunkte B'

$$\overline{B'B} = \tfrac{2}{3}\,\omega_0\,h\,\sqrt{\frac{2\,h}{g}}\cdot\cos\beta\,.$$

Nach den Versuchen, die der Physiker Reich in Freiberg i. Sa. in einem Schachte angestellt hatte, fand sich bei einer Falltiefe von $h = 158{,}3$ m im lufterfüllten Raum im Mittel

$$\overline{B'B} = 0{,}0283 \text{ m}\,,$$

während die Rechnung den um 0,7 mm kleineren Wert 0,0276 m ergibt. Der Unterschied ist durch den Luftwiderstand bedingt, welcher die Bewegung des freien Falles verzögert und folglich die östliche Abweichung vergrößert.

Die bei der Rechnung nicht berücksichtigte südlich gerichtete Komponente von $r\,\omega_0^2$ hat ebenfalls eine Abweichung des fallenden Körpers vom Lotfußpunkte zur Folge, die auf der nördlichen Halbkugel nach Süden, auf der südlichen nach Norden gerichtet ist. Trotz der nicht unbeträchtlichen Größe dieser Komponente ist die südliche Abweichung schwer durch den Versuch zu erweisen, weil der Lotfußpunkt B' infolge jener Komponente ebenfalls nach Süden rückt. Was wir unter der Beschleunigung des freien Falles verstehen, ist in Wirklichkeit die aus g_0 und $r\,\omega_0^2$ zusammengesetzte Beschleunigung, deren Richtung mit der des Lotes übereinstimmt.

Es leuchtet ohne weiteres ein, daß der Einfluß der Coriolis-Beschleunigung b_γ sich auch bei anderen Bewegungen an der Erdoberfläche geltend macht, und um so mehr in die Erscheinung tritt, je größer die relative Geschwindigkeit v_σ ist und der Winkel δ sich $\dfrac{\pi}{2}$ nähert. Letzteres tritt z. B. ein bei einem Geschoß, das sich in Richtung des Meridians bewegt. Die Abweichungen von der lotrechten Ebene durch die Rohrachse in östlicher, bzw. westlicher Richtung können bei großen Schußweiten ganz beträchtlich werden.

Die Umkehrung der behandelten allgemeinen Aufgabe besteht in der Ermittlung der wahren Bewegung eines Punktes, dessen scheinbare Bewegung gegen einen um eine ruhende Achse sich drehenden Körper gegeben ist. Die Lösung derselben gestaltet sich wieder sehr einfach unter Benutzung der Gleichungen (70), denen wir hier die Form

$$(70\,a) \qquad r = \varrho\,, \qquad a = \alpha + \varphi\,, \qquad z = \zeta$$

geben. Die wahren Koordinaten des Punktes erhalten wir sonach als eindeutige Funktionen der Zeit, da ϱ, α, ζ und φ als solche bekannt sind. Aus ihnen folgen durch einmalige, bzw. zweimalige Differention nach der Zeit die entsprechenden Ausdrücke für die Komponenten der wahren Geschwindigkeit und Beschleunigung, und damit letztere selbst. Diese ergeben sich jedoch auch unmittelbar aus den bezüglichen Ausdrücken für $\mathfrak{v}_\sigma$ und $\mathfrak{b}_\sigma$ zu

$$v = v_\sigma \mathbin{\widehat{+}} r\,\omega$$

bzw.

$$b = b_\sigma \mathbin{\widehat{+}} b_k \mathbin{\widehat{+}} b_c\,,$$

worin $\mathfrak{b}_c$ die gleiche Größe wie b_γ hat, jedoch die entgegengesetzte Richtung (s. Fig. 138).

Die angestellten Betrachtungen bezogen sich auf die freie Bewegung von Punkten gegen sich drehende Körper. Wenn jedoch die Bewegung keine freie ist, sondern auf starren Kurven oder Flächen erfolgt, die mit dem Körper fest verbunden sind und deshalb sich mit ihm drehen, so ergeben sich Aufgaben, die eine etwas andere Behandlung erfordern, weshalb auf dies noch näher eingegangen werden soll.

Ist der Punkt gezwungen, sich auf einer starren Kurve zu bewegen, so wird die relative Bewegung auf der Kurve nur von der tangentialen Komponente von b_σ beeinflußt, während die normalen Komponenten die

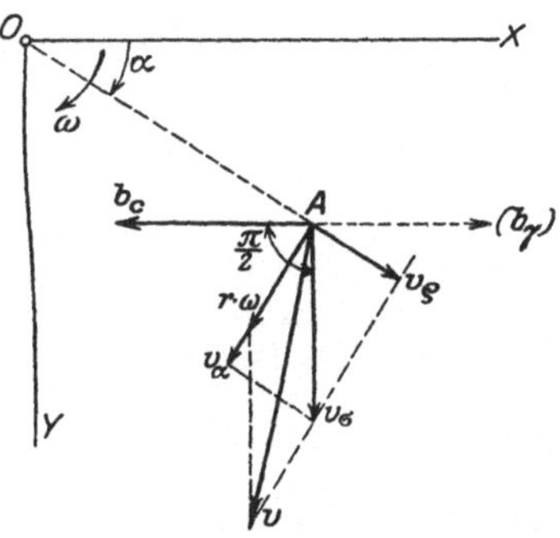

Fig. 138.

relative Geschwindigkeit v_σ auch der Richtung nach nicht ändern können, da die Normalbeschleunigung $= v_\sigma^2 : \varrho$ sein muß, unter ϱ den Radius der ersten Krümmung der Kurve verstanden. Beachten wir, daß $b_\sigma = b \mathbin{\widehat{+}} (- b_k) \mathbin{\widehat{+}} b_\gamma$, und daß b_γ senkrecht auf v_σ steht, so erkennen wir, daß die Coriolisbeschleunigung keinen Einfluß auf die Relativbewegung des Punktes hat, und von b und $- b_k$ nur die tangentialen Komponenten. Wir erhalten sonach eine Differentialgleichung von der Form

$$\frac{d v_\sigma}{d t} = \frac{d^2 u}{d t^2} = f(u),$$

falls u die Kurvenlänge bezeichnet, denn mittels der Kurvengleichungen lassen sich die Koordinaten als Funktionen von u darstellen, und sonach auch die Tangentialkomponenten der Beschleunigungen b und $(-b_k)$. Die Integration der Differentialgleichung ergibt v_σ und u als Funktionen der Zeit und somit die gesuchte relative Bewegung des Punktes auf der Kurve.

Als Beispiel wählen wir die Ermittlung der wahren Bewegung eines schweren Punktes in einer Röhre, welche sich um eine lotrechte Achse gleichförmig mit der Winkelgeschwindigkeit ω_0 dreht; die Röhrenachse schließe mit der Drehachse den Winkel δ ein und habe von ihr den Abstand $\overline{FJ} = e$ (s. Fig. 139 u. 140). Wir legen die Ξ-Achse in das Lot $F_0 J$ und die X-Achse

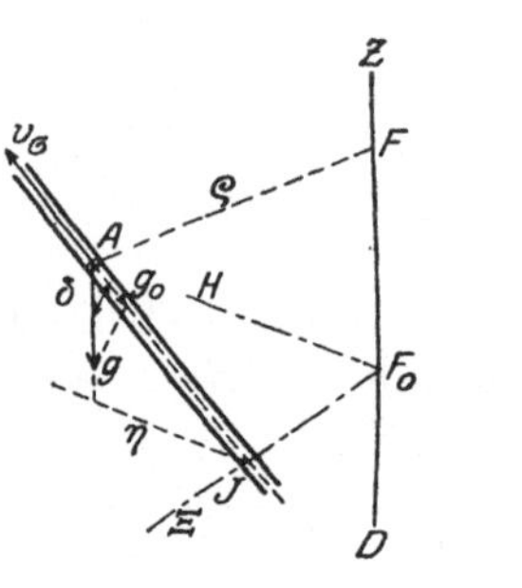
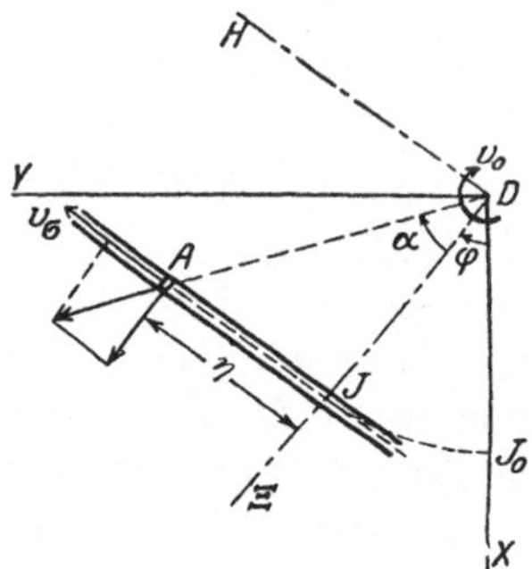

Fig. 139.　　　　　　　　　　Fig. 140.

in die Anfangslage dieses Lotes, so daß für $t = t_0 = 0$ auch $\varphi_0 = 0$ wird. Ist A die Lage des Punktes zur Zeit t und setzen wir $\overline{JA} = u$, so werden die relativen Koordinaten des Punktes A

$$\varrho = \frac{e}{\cos \alpha}, \qquad \alpha = \arctan \left(\frac{u}{e} \sin \delta\right), \qquad \zeta = u \cos \delta,$$

und die gesuchten wahren

$$r = \varrho, \qquad a = \alpha + \varphi, \qquad z = \zeta,$$

die als Funktionen von t bestimmt sind, sobald wir u als Funktion der Zeit gefunden haben. Wäre die Röhre in Ruhe, so würde A nur die Komponente $g \cos \delta$ der Beschleunigung des freien Falles besitzen. Infolge der Drehung aber kommt noch die Komponente $r \cdot \omega_0^2 \cdot \sin\alpha \sin\delta$ der Beschleunigung $b_k = r \omega_0^2$ hinzu, so daß die Beschleunigung von A

$$\frac{d v_\sigma}{d t} = r \omega_0^2 \sin\alpha \sin\delta - g \cos\delta$$

sein muß. Beachten wir weiter, daß $v_\sigma = \dfrac{d u}{d t}$ ist, so erhalten wir die Differentialgleichung der relativen (geradlinigen) Bewegung von A

$$\frac{d^2 u}{dt^2} = r\,\omega_0{}^2 \sin\alpha \sin\delta - g\cos\delta\,,$$

die sich mit Hilfe der Ausdrücke $r = \varrho = \dfrac{e}{\cos\alpha}$, $\tan\alpha = \dfrac{u}{e}$ $\sin\delta$ und $\omega_0\sin\delta = k$ auf die Form

$$\frac{d^2 u}{dt^2} = k^2 u - g\cos\delta$$

bringen läßt, worin $k = \omega_0 \sin\delta$. Das Integral dieser Gleichung ist bekanntlich

$$u = \frac{g\cos\delta}{k^2} + A\,e^{kt} + B\,e^{-kt};$$

hierin sind A und B Konstanten, die durch die Anfangslage A_0 des Punktes und seine relative Anfangsgeschwindigkeit bestimmt werden. Falls für $t = t_0 = 0$, $u = u_0$ und $(v_\sigma)_0 = 0$ ist, erhält man

$$A = B = \tfrac{1}{2}\left(u_0 - \frac{g\cos\delta}{k^2}\right)$$

und sonach

$$u = \frac{g\cos\delta}{k} + \tfrac{1}{2}\left(u_0 - \frac{g\cos\delta}{k^2}\right)\left(e^{kt} + e^{-kt}\right).$$

Da ferner

$$\alpha = \arctan\left(\frac{u}{e}\sin\delta\right) \quad\text{und}\quad \varphi = \omega_0\cdot t\,,$$

so ergeben sich die wahren Koordinaten von A in der Gestalt

$$r = \frac{e}{\cos\alpha} = \sqrt{e^2 + u^2\sin^2\delta}\,, \quad a = \alpha + \varphi = \arctan\left(\frac{u}{e}\sin\delta\right) + \omega_0\cdot t\,, \quad z = u\cos\delta;$$

ferner wird die relative Geschwindigkeit

$$v_\sigma = \frac{du}{dt} = \frac{k}{2}\left(u_0 - \frac{g\cos\delta}{k^2}\right)\left(e^{kt} - e^{-kt}\right),$$

welche mit der Geschwindigkeit $r\cdot\omega_0$ des Röhrenpunktes, mit dem A augenblicklich zusammenfällt, zusammenzusetzen ist, um die wahre Geschwindigkeit v des Punktes A zu ermitteln. Der Ausdruck für v_σ zeigt, daß ein Wechsel des Vorzeichens mit t nicht eintreten kann, und daß die Bewegung des Punktes in der Röhre nur nach aufwärts oder nur nach abwärts erfolgt, je nachdem $u_0 \gtrless \dfrac{g\sin\delta}{k^2}$ ist. Wenn $u_0 = \dfrac{g\cos\delta}{k^2} = \dfrac{g\cos\delta}{\omega_0{}^2\sin^2\delta}$, so tritt keine Bewegung ein. Eine Diskussion der wahren Bewegung, insbesondere der Bahn kann hier unter Hinweis auf die entsprechenden allgemeinen Betrachtungen im 7. Kapitel unterbleiben; nur mag darauf aufmerksam gemacht werden, daß r unter allen Umständen stetig wächst, falls $u_0 > \dfrac{g\cos\delta}{k^2}$, dagegen ein Minimum $(r = e)$ erlangt, falls u_0 positiv und $< \dfrac{g\cos\delta}{k^2}$ ist.

Ist der Punkt dagegen an eine Fläche gebunden, so wird die relative Bewegung auf ihr auch durch b_γ mit beeinflußt, nämlich durch die in der Tangentialebene zur Fläche liegende Komponente von $b_\sigma = b \,\widehat{+}\, (-b_k) \,\widehat{+}\, b_\gamma$. Um zu den Differentialgleichungen der entsprechenden Bewegung des Punktes zu gelangen, ist es in diesem Falle zweckmäßig, die relative Bewegung des Punktes in eine freie dadurch überzuführen, daß man eine Zwangsbeschleunigung b_ν normal zur Fläche von solcher Größe hinzufügt, daß die Bewegung des Punktes als freie auf der Fläche erfolgt. Sind ξ, η, ζ die relativen Koordinaten des Punktes und ist $F(\xi, \eta, \zeta) = 0$ die Gleichung der Fläche, so werden die Richtungscosinus der Flächennormalen

$$\cos(n, \xi) = \frac{dF}{d\xi} : \sqrt{\left(\frac{\partial F}{\partial \xi}\right)^2 + \left(\frac{\partial F}{\partial \eta}\right)^2 + \left(\frac{\partial F}{\partial \zeta}\right)^2}$$ u. s. f. Setzen wir zur Ab-

kürzung $b_\nu : \sqrt{\left(\frac{\partial F}{\partial \xi}\right)^2 + \left(\frac{\partial F}{\partial \eta}\right)^2 + \left(\frac{\partial F}{\partial \zeta}\right)^2} = \lambda$, dann werden die drei Differentialgleichungen

$$(75) \qquad \frac{d^2\xi}{dt^2} = b_\xi + \lambda \frac{\partial F}{\partial \xi}, \quad \frac{d^2\eta}{dt^2} = b_\eta + \lambda \frac{\partial F}{\partial \eta}, \quad \frac{d^2\zeta}{dt^2} = b_\zeta + \lambda \frac{\partial F}{\partial \zeta},$$

in denen b_ξ, b_η, b_ζ die Komponenten von b_σ bezeichnen. Eliminiert man daraus λ, so erhält man zwei Differentialgleichungen, deren Integration in Verbindung mit der Flächengleichung die Aufgabe löst, ξ, η und ζ als Funktionen von t zu bestimmen.

Beispiel: Ein schwerer Punkt sei gezwungen, sich auf der Fläche $F(\xi, \eta, \zeta) = 0$ zu bewegen, die sich mit dem Körper gleichförmig um eine lotrechte ruhende Achse dreht. In diesem Falle ist $b = g$, $(-b_k) = \varrho\,\omega_0^2$ senkrecht zur Drehachse und $b_\nu = 2\,\omega_0\,v_\sigma \sin\delta$ senkrecht die Drehachse kreuzend, also parallel zur ΞH-Ebene; wir erhalten daher unter Berücksichtigung der Beziehung $v_\sigma \sin\delta = v_\nu = \sqrt{v_\xi{}^2 + v_\eta{}^2}$ (s. S. 127) und des Winkels τ zwischen v_ν und der Ξ-Achse

$$b_\xi = \varrho\,\omega_0^2 \cos\alpha + b_\gamma \sin\tau = \omega_0^2 \xi + 2\,\omega_0 v_\nu \sin\tau = \omega_0^2 \xi + 2\,\omega_0 v_\eta = \omega_0^2 \xi + 2\,\omega_0 \frac{d\eta}{dt},$$

$$b_\eta = \varrho\,\omega_0^2 \sin\alpha - b_\gamma \cos\tau = \omega_0^2 \eta - 2\,\omega_0 v_\nu \cos\tau = \omega_0^2 \eta - 2\,\omega_0 v_\xi = \omega_0^2 \eta - 2\,\omega_0 \frac{d\xi}{dt},$$

$$b_\zeta = -g\,.$$

Damit gehen vorstehende Differentialgleichungen über in

$$\frac{d^2\xi}{dt^2} = \omega_0^2 \xi + 2\,\omega_0 \frac{d\eta}{dt} + \lambda \frac{\partial F}{\partial \xi}, \qquad \frac{d^2\eta}{dt^2} = \omega_0^2 \eta - 2\,\omega_0 \frac{d\xi}{dt} + \lambda \frac{\partial F}{\partial \eta},$$

$$\frac{d^2\zeta}{dt^2} = -g + \lambda \frac{\partial F}{\partial \zeta}\,.$$

Deren Integration macht im allgemeinen Schwierigkeiten und ist selbst in dem Falle einer Ebene umständlich, weshalb nicht weiter darauf eingegangen werden soll. —

Bei den vorausgehenden Untersuchungen über die Relativbewegung von Punkten gegen sich drehende Körper war vorausgesetzt worden, daß die Drehung um eine Achse erfolgt, die sowohl in dem bewegten als in dem Bezugskörper ihre Lage nicht ändert.

Von dieser Voraussetzung ist nun wohl die Größe und Richtung der Beschleunigung b_k des Körperpunktes abhängig, mit dem der bewegte Punkt augenblicklich zusammenfällt, nicht aber die zusammengesetzte Zentrifugalbeschleunigung b_γ. Denn letztere hängt nur von Geschwindigkeiten ab, wie der Ausdruck für b_γ zeigt, und zwar insbesondere von der momentanen Winkelgeschwindigkeit der Drehung des Körpers; sie bleibt also von der unendlich kleinen Änderung der Achsenlage unbeeinflußt. Dagegen wird b_k erheblich zusammengesetzter, wie bei der Drehung um eine ruhende Achse, weil sich der Abstand des Körperpunktes von der Drehachse ebenfalls mit der Zeit ändert; doch soll hierauf nicht näher eingegangen werden.

Vierzehntes Kapitel.

Die Grundlagen der Bewegungslehre und die Relativitätstheorie.

Wie schon im ersten Kapitel dargelegt wurde, ist alle Bewegung relativ, d. h. sie wird zu einer bestimmten nur für einen bestimmten Bezugskörper. Das folgt schon aus dem Begriff des Ortes eines Punktes, denn dieser setzt einen Bezugskörper voraus. Die Bestimmung des Ortes eines Punktes gegen den — meist starr gedachten — Bezugskörper erfolgt mittels Koordinaten. Kennt man die Lage eines anderen Körpers gegen den Bezugskörper, so läßt sich auch der Ort des Punktes gegen diesen angeben, und zwar wieder mittels Koordinaten, die man aus den Punktkoordinaten rein geometrisch durch sogen. Koordinaten-Transformation erhält. Ist die Lage des Körpers sowohl wie die des Punktes gegen den Bezugskörper veränderlich, d. h. bewegen sich Körper und Punkt in bestimmter Weise gegen den Bezugskörper, so ist auch die Lagenänderung, also die Bewegung des Punktes gegen den bewegten Körper eine ganz bestimmte; wir nannten diese die relative Bewegung des Punktes gegen den bewegten Körper. Sie ist eindeutig bestimmt, wenn die Bewegungen des Körpers und des Punktes gegen den Bezugskörper es sind, denn die Formeln der Koordinatentransformation bestimmen die relativen Koordinaten des Punktes gegen den bewegten Körper als Funktionen der Zeit, und damit finden wir Bahn, Geschwindigkeit und Beschleunigung der relativen Bewegung, wie die Darlegungen des 6. und 7. Kapitels zeigen. In dem 13. Kapitel haben wir diese Untersuchungen für die Sonderfälle der Schiebung eines Körpers, sowie der Drehung um eine ruhende Achse durchgeführt und haben hierbei die Sätze abgeleitet, welche die relative Geschwindigkeit und Beschleunigung zu ermitteln gestatten.

Wegen des Folgenden wollen wir noch einmal auf den ersteren Fall zurückkommen, in dem voraussetzungsgemäß der Körper K_2 (s. S. 118 und Fig. 128) eine Schiebung gegen den ruhend gedachten Bezugskörper K_3 ausführt, und uns auf die vereinfachende Annahme beschränken, daß die Schiebung des Körpers K_2, der jetzt mit K bezeichnet werden mag, eine geradlinig gleichförmige mit der Geschwindigkeit w in Richtung der X-Achse sei. Wir wollen ferner den Punkt A_2 des Körpers K in der X-Achse liegend annehmen — was keine Beschränkung der Allgemeinheit bedeutet — und ihn mit Ω bezeichnen, und endlich $\overline{O\Omega} = u$ setzen, dann werden die Koordinaten von Ω

$$x_2 = u, \qquad y_2 = 0, \qquad z_2 = 0.$$

Ersetzen wir endlich A_1 durch A und entsprechend x_1, y_1, z_1 durch x, y, z, so werden die relativen Koordinaten von A gegen K zufolge der Formeln (69)

$$\xi = x - u, \qquad \eta = y, \qquad \zeta = z.$$

Setzen wir bezüglich der Bewegung von K weiterhin fest, daß zur Zeit $t = t_0 = 0$ der Anfangspunkt Ω des beweglichen Koordinatensystems $\Xi\mathsf{H}\mathsf{Z}$ mit O zusammenfalle, so wird, weil die Schiebung von K gleichförmig mit der Geschwindigkeit w erfolgen soll, $u = wt$; es werden sonach die Transformationsformeln für die gesuchte Relativbewegung von A gegen K

$$(76) \qquad\qquad \xi = x - wt, \qquad \eta = y, \qquad \zeta = z,$$

in denen x, y, z als bekannte Funktionen von t anzusehen sind. Aus ihnen erhalten wir die relative Bahn, während sich die relative Geschwindigkeit v_σ aus (69 a) in diesem Falle zu

$$(76\,\mathrm{a}) \qquad\qquad v_\sigma = v \,\widehat{\dashv}\, (-w)$$

ergibt, falls v die Geschwindigkeit von A gegen den ruhenden Bezugskörper K bezeichnet.

Die vorstehenden Überlegungen und folglich auch deren Ergebnisse sind unabhängig von physikalischen Beobachtungen irgend welcher Art; sie müßten daher auf alle der Beobachtung zugänglichen Bewegungsvorgänge übertragbar sein. Merkwürdigerweise scheint das nun nicht der Fall zu sein, vielmehr stehen gewisse Beobachtungen, z. B. die an den Bewegungen des Lichtes gemachten, in Widerspruch mit den durch die Gleichungen (69 a) bzw. (76 a) ausgedrückten Gesetzen. Insbesondere sind es die Versuche von Fizeau und von Michelson gewesen, die diese Widersprüche klar hervortreten ließen; auf diese müssen wir deshalb etwas näher eingehen, um die Grundlagen der gewaltigen Wandlung zu erkennen, die in den Grundanschauungen der Bewegungslehre hauptsächlich durch die Arbeiten von H. A. Lorentz und A. Einstein — die sogenannte spezielle Relativitätstheorie — herbeigeführt wurde.

Der von Fizeau bereits 1851 angestellte Versuch hatte zum Ziele, den Einfluß der Bewegung von Flüssigkeiten auf die Geschwindigkeit des Lichtes, das durch die Flüssigkeit sich bewegt, festzustellen. Er ließ die Flüssigkeit durch eine U-förmig gebogene Röhre mit parallelen Schenkeln (s. Fig. 141) strömen und sandte das Licht von der Stelle Q aus durch eine Linse S_1, welche es parallel zu den Röhrenschenkeln durch die Flüssigkeit bis zu einer Linse S_2 führte; letztere vereinigte es wieder auf dem Schirm S an der Stelle P. Würden nun die Lichtschwingungen in der Flüssigkeit in der

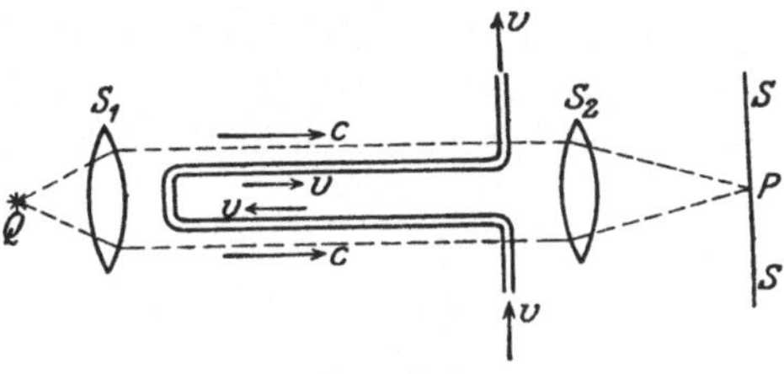

Fig. 141.

gleichen Weise vor sich gehen, wie im luftleeren Raume, so müßte sich das Licht im unteren Schenkel der Röhre mit der Geschwindigkeit $c-v$, in dem oberen aber mit $c+v$ bewegen, also die beiden durch die Schenkel gehenden Strahlenbündel mit dem Geschwindigkeitsunterschied $c+v-(c-v)=2v$ in M zusammentreffen, also im allgemeinen Interferenzerscheinungen, die $2v$ entsprechen, hervorrufen. Der Versuch zeigte nun bei Gasen überhaupt keine Interferenz, und bei tropfbaren Flüssigkeiten einen wesentlich kleineren Gangunterschied, als $2v$ entspricht und zwar $2v\left(1-\dfrac{1}{n^2}\right)$, falls n den Brechungsindex der Flüssigkeit bezeichnet. Unter der über die Lichtbewegung in der Flüssigkeit gemachten Voraussetzung ist folglich der Widerspruch dieses Vorganges mit der Gleichung (69a) erwiesen.

Noch weit auffallender ist dieser Widerspruch bei dem Versuch, den Michelson 1881 und 8 Jahre später zusammen mit Morley anstellte. Der Apparat, dessen er sich bediente, besteht aus zwei zueinander senkrechten starr verbundenen Armen (s. Fig. 142, S. 138) von gleicher Länge l, in deren Endpunkten zum Arm rechtwinklige Spiegel S_1 und S_2 angebracht sind. Im Verbindungspunkt M der Arme befindet sich eine planparallele Glasplatte, die mit den beiden Armen den Winkel 45^0 einschließt. In Richtung des einen Armes befindet sich die Lichtquelle L, welche paralleles Licht auf die Glasplatte wirft. Dieses Licht wird zum Teil von der spiegelnden Fläche des Glases zurückgeworfen und gelangt so zu dem

Spiegel S_1, der es abermals zurückwirft, wodurch es in das Fernrohr F gelangt, das in der Verlängerung des Armes MS_1 am Apparat angebracht. Ein anderer Teil der Lichtstrahlen wird durch die Glasplatte gebrochen und setzt seinen Weg in Richtung des Armes MS_2 fort bis zu dem Spiegel S_2, der ihn nach G zurückwirft. An der spiegelnden Rückseite der Platte G wird er abermals zurückgeworfen und gelangt so ebenfalls in das Fernrohr F, wo er sich mit dem anderen Strahlenteil vereinigt. Ruht nun der Apparat in dem als Träger der Lichtschwingungen gedachten Äther, so bewegt sich das Licht in Richtung beider Arme mit derselben Geschwindigkeit c, und da die Arme MS_1 und MS_2 gleich lang sind, so ist, $MS_1 = MS_2 = l$ gesetzt, die Zeitdauer beider Bewegungen $t = 2\,l : c$ dieselbe; es fallen

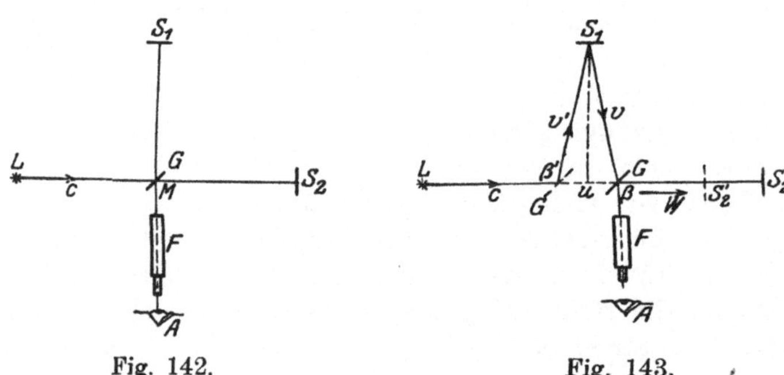

Fig. 142.   Fig. 143.

sonach die Schwingungen in beiden Strahlenbündeln zusammen und es findet keine Interferenz statt.

Wenn dagegen der Apparat gegen den Lichtäther sich in Bewegung befindet, wird der Vorgang ganz anders. Denken wir uns den Äther im Weltall in Ruhe und den Apparat mit der Erde so verbunden, daß der Arm MS_2 (s. Fig. 143) in die Richtung der Erdbewegung gegen die Sonne fällt, dann bewegt sich das Licht gegen den Apparat mit der Geschwindigkeit $c - w$, falls w die Geschwindigkeit der Erde in ihrer Bahn bezeichnet. Das Strahlenbündel, das durch die Glasplatte hindurchgeht, bewegt sich also auf der Strecke MS_2 bis zum Spiegel S_2 mit der Geschwindigkeit $c - w$, und braucht folglich für den Weg $\overline{MS_2}$ die Zeit $l : (c - w)$. Der in S_2 gespiegelte Strahl dagegen bewegt sich von S_2 nach M mit der Geschwindigkeit $c + w$ gegen den Apparat, und braucht sonach auf dem Wege l nur die Zeit $l : (c + w)$. Die Gesamtzeit des Strahles auf dem Wege $B'S_2B$ ist folglich

$$t_2 = \frac{l}{c - w} + \frac{l}{c + w} = \frac{2\,lc}{c^2 - w^2}.$$

Weil sich der Apparat bewegt, so durchläuft das an der Glasplatte G gespiegelte Strahlenbündel den Weg $B'S_1B$ und braucht hierzu die Zeit t_1. Während der letzteren hat sich der Apparat um $B'B = 2x$ vorwärts bewegt; es ist folglich $2x = wt_1$. Da nun

$$B'S_1 = S_1B = \sqrt{l^2 + x^2} = \tfrac{1}{2}\,ct_1,$$

so folgt

$$t_1 = \frac{2}{c}\,\sqrt{l^2 + x^2} = \frac{2}{c}\sqrt{l^2 + \frac{w^2 t_1^2}{4}}$$

und hieraus

$$t_1 = \frac{2\,l}{\sqrt{c^2 - w^2}}\,.$$

Der Zeitunterschied für beide Strahlen

$$t_2 - t_1 = \frac{2\,lc}{c^2 - w^2}\left[1 - \sqrt{1 - \left(\frac{w}{c}\right)^2}\right]$$

zieht im Allgemeinen einen Phasenunterschied der Lichtschwingungen beider Strahlenbündel nach sich, wenn sie sich im Fernrohr F wieder vereinigt haben, und folglich Interferenzerscheinungen. Dreht man nun den Apparat in seiner Ebene um 90^0, so daß das Licht senkrecht zu w in ihn eintritt, so ändert sich die Geschwindigkeit der Lichtbewegung und wird folglich im allgemeinen $t_2 - t_1$ einen anderen Wert annehmen müssen; das hat aber eine Verschiebung der Interferenzstreifen zur Folge. Die Ausführung des Versuches zeigte aber im Widerspruch mit dem vorstehenden theoretischen Ergebnis nicht die geringste Spur einer solchen Verschiebung. Daraus zog man den Schluß, daß die Geschwindigkeit c, mit der sich das Licht fortpflanzt, unabhängig ist von der Bewegung der Lichtquelle bzw. des Lichtempfängers, oder anders ausgesprochen, daß die Lichtgeschwindigkeit für jeden beliebig bewegten Bezugskörper dieselbe Größe habe.

Ist diese Behauptung aber richtig, so haben die über die Relativbewegung von Körpern gegeneinander im vorigen Kapitel entwickelten Sätze und Formeln keine allgemeine Gültigkeit; sie müssen daher durch andere ersetzt werden, die dem Versuch von Michelson entsprechen.

Um diese Formeln und Sätze zu gewinnen, gehen wir in folgender Weise vor. Ein Körper K vollziehe eine geradlinige gleichförmige Schiebung mit der Geschwindigkeit w gegen einen Bezugskörper K. In die Bewegungsrichtung legen wir die X-Achse des ruhenden Koordinatensystems und lassen mit ihr die $\varXi$-Achse des Koordinatensystems $\varXi\mathsf{H}\mathsf{Z}$ in K zusammenfallen (s. Fig. 144). Zur Zeit $t = t_0 = 0$ falle der Anfangspunkt Q des bewegten Systems mit dem Anfangspunkt O des ruhenden zusammen, dann ist $\overline{OQ} = u = w \cdot t$. Ein Punkt A mit den Koordinaten xyz in bezug auf das ruhende Koordinatensystem erhalte für das bewegliche die Koordinaten $\xi\eta\zeta$, und die Zeit in bezug auf den Körper K sei τ, während sie für den Körper K mit t bezeichnet werde. Dann ergeben sich als relative Koordinaten des Punktes A die den Formeln (76) analog gebildeten Ausdrücke

$$(77) \qquad \xi = a_1 x + b_1 t, \quad \eta = y, \quad \zeta = z,$$

in denen a_1 und b_1 vorläufig noch unbekannte Konstanten bezeichnen, über die willkürlich verfügt werden kann. Die relative Zeit τ steht aber auch mit x und t in Zusammenhang; wir wollen diesen als linear voraussetzen und durch die Beziehung

$$(78) \qquad \tau = a_2 x + b_2 t$$

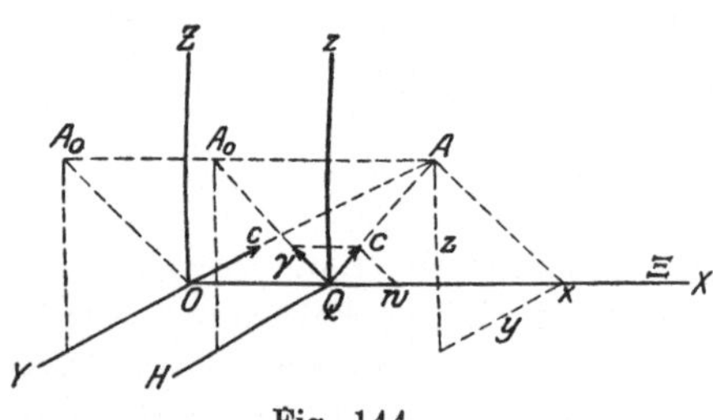

Fig. 144.

ausdrücken, in der a_2 und b_2 ebenfalls willkürliche Konstanten sein sollen. Diese vier Konstanten mögen nun so bestimmt werden, daß der aus dem Versuch von Michelson folgenden Forderung genügt wird. Das läßt sich in folgender Weise tun. Es gehe in dem Augenblick, wo Q mit O zusammenfällt, also $t = t_0 = 0$ ist, von O ein Lichtblitz aus, der A in t Sekunden erreichen möge. Die Wellenfläche der Lichtausbreitung ist bekanntlich eine Kugelfläche, deren Mittelpunkt in O liegt und die den Radius $\overline{OA} = ct$ hat; ihre Gleichung ist daher

$$(79) \qquad x^2 + y^2 + z^2 - c^2 t^2 = 0.$$

Da nun zur Zeit $t = t_0 = 0$ der Punkt Q mit O zusammenfällt, so breitet sich das Licht auch im Körper K aus und zwar in konzentrischen Kugelflächen, deren Mittelpunkt in Q liegt. Der Radius der Kugelfläche, die A erreicht, ist sonach $\overline{QA} = c \cdot \tau$, weil die Lichtgeschwindigkeit der Relativbewegung in K nach dem Vorstehenden ebenfalls c sein soll. Die Gleichung dieser Kugelfläche, nämlich

$$(80) \qquad \xi^2 + \eta^2 + \zeta^2 - c^2 \tau^2 = 0,$$

müßte nun, falls man in sie die Ausdrücke (77) und (78) einsetzt, in die der ersteren, also (79) übergehen, d. h. es müßte die Identität

$$\xi^2 + \eta^2 + \zeta^2 - c^2 \tau^2 = x^2 + y^2 + z^2 - c^2 t^2$$

für alle Werte von x und t bestehen. Diese Substitution ausgeführt, liefert die identische Gleichung

$$(a_1{}^2 - c^2 a_2{}^2)\,x^2 - 2\,(a_1 b_1 - c^2 a_2 b_2)\,xt + (b_1{}^2 + c^2 b_2{}^2)\,t^2 \equiv x^2 - c^2 t^2;$$

es müssen sonach die Konstanten $a_1 b_1 a_2 b_2$ den drei Bedingungsgleichungen

$$(81) \qquad \begin{cases} a_1{}^2 - c^2 a_2{}^2 = 1\,, \\ a_1 b_1 - c^2 a_2 b_2 = 0\,, \\ b_1{}^2 - c^2 b_2{}^2 = -\,c^2 \end{cases}$$

genügen. Zu diesen tritt, weil für den Punkt Q die relativen Koordinaten $\xi = \eta = \zeta = 0$ sind, dagegen $x = u = wt$, $y = z = 0$ ist, zufolge (77) die Gleichung

$$0 = a_1\,w\,t + b_1\,t;$$

aus ihr folgt die Bedingungsgleichung

$$(82) \qquad a_1 w + b_1 = 0\,.$$

Eine leichte Rechnung ergibt aus den vier Gleichungen (81) und (82) unter Benutzung der Abkürzungen $w : c = \beta$ und $1 : \sqrt{1 - \beta^2} = \varkappa$ die Werte

$$(83) \qquad \begin{cases} a_1 = \varkappa, & a_2 = -\,\varkappa\,\dfrac{w}{c^2}, \\[2mm] b_1 = -\,\varkappa w, & b_2 = a_1 = \varkappa. \end{cases}$$

Führt man sie in die Transformationsformeln (77) und (78) ein, so erhalten diese die Gestalt

$$(77\,\mathrm{a}) \qquad \xi = \varkappa\,(x - wt), \qquad \eta = y, \qquad \zeta = z,$$

$$(78\,\mathrm{a}) \qquad \tau = \varkappa\left(t - \frac{w}{c^2}\,x\right);$$

man nennt sie die Lorentz-Transformation. In ihr sind die Formeln (76), welche die sogenannte Galilei-Transformation darstellen, als Sonderfall enthalten, und zwar, falls $\beta = \dfrac{w}{c} = 0$, d. h. wenn w gegen die Lichtgeschwindigkeit c verschwindend klein ist. Aus (78 a) folgt in diesem Falle $\tau = t$; die Zeitgrößen für die scheinbare und die wahre Bewegung sind dann dieselben, was im Kapitel 13 als selbstverständlich angenommen wurde.

Zwei merkwürdige Eigenschaften der Bewegungen, welche die Transformationsformeln (77 a) und (78 a) kennzeichnen, lassen sich aus letzteren ableiten. Denken wir uns mit K einen Stab von der Länge λ so verbunden, daß sein Anfangspunkt in Q, sein Endpunkt L

auf der $\mathit{\Xi}$-Achse liegt, also L die Abszisse $\xi_1 = \lambda$ hat, dann ist die Abszisse von Q zur Zeit t für den Körper K $x_0 = w \cdot t$, von L aber $x_1 = w \cdot t + \xi_1 \sqrt{1 - \beta^2} = w \cdot t + \lambda \sqrt{1 - \beta^2}$, wie aus (77a) hervorgeht. Folglich finden wir für die Stablänge

$$(84) \qquad l = x_1 - x_0 = \lambda \sqrt{1 - \beta^2}.$$

Da $\lambda \sqrt{1 - \beta^2} < \lambda$, so erkennen wir, daß einem mit K verbundenen, also ruhendem Beobachter die Stablänge λ auf $\lambda \sqrt{1 - \beta^2}$ verkürzt erscheinen muß.

Die zweite auffallende Folgerung ergibt sich hinsichtlich der Zeit. Für den Punkt Q ist zur Zeit t die Abszisse $x = wt$; damit folgt aus (78a)

$$(85) \qquad \tau = \varkappa \left(t - \frac{w^2}{c^2} t \right) = \sqrt{1 - \beta^2} \cdot t.$$

Der Faktor von t auf der rechten Seite dieser Gleichung ist kleiner als 1, woraus hervorgeht, daß $t > \tau$, also, daß dem ruhenden Beobachter eine in Q befindliche mit K verbundene Uhr langsamer gehend erscheinen muß.

Ganz eigenartig gestalten sich die Beziehungen zwischen den Geschwindigkeiten eines beliebigen Punktes A gegen die Körper K und K. Die Geschwindigkeit v von A gegen K ist, wie bekannt

$$v = \sqrt{\left(\frac{dx}{dt} \right)^2 + \left(\frac{dy}{dt} \right)^2 + \left(\frac{dz}{dt} \right)^2},$$

worin $\dfrac{dx}{dt}$, $\dfrac{dy}{dt}$, $\dfrac{dz}{dt}$ die Komponenten von v in Richtung der drei Achsen sind. Analog finden wir als relative Geschwindigkeit v_σ, d. i. die Geschwindigkeit von A gegen K

$$v_\sigma = \sqrt{\left(\frac{d\xi}{d\tau} \right)^2 + \left(\frac{d\eta}{d\tau} \right)^2 + \left(\frac{d\zeta}{d\tau} \right)^2};$$

hierin sind die Differentiationen der relativen Koordinaten aber nach τ auszuführen. Zufolge (77a) erhalten wir nun

$$\frac{1}{\varkappa} \cdot \frac{d\xi}{d\tau} = \frac{dx}{d\tau} - w \frac{dt}{d\tau} = \left(\frac{dx}{dt} - w \right) \frac{dt}{d\tau},$$

$$\frac{d\eta}{d\tau} = \frac{dy}{dt} \frac{dt}{d\tau}, \qquad \frac{d\zeta}{d\tau} = \frac{dz}{dt} \frac{dt}{d\tau},$$

und da aus (78a)

$$\frac{1}{\varkappa} \cdot \frac{d\tau}{dt} = 1 - \frac{w}{c^2} \frac{dx}{dt}$$

sich ergibt, also

$$\frac{dt}{d\tau} = 1 : \left(1 - \frac{w}{c^2}\frac{dx}{dt}\right)\varkappa\,,$$

so erhalten wir für die Komponenten von v_σ die Ausdrücke

$$(86)\quad \begin{cases} \dfrac{d\xi}{d\tau} = \left(\dfrac{dx}{dt} - w\right) : \left(1 - \dfrac{v}{c^2}\dfrac{dx}{dt}\right),\quad \dfrac{d\eta}{d\tau} = \dfrac{dy}{dt} : \left(1 - \dfrac{w}{c^2}\dfrac{dx}{dt}\right)\varkappa\,, \\[3mm] \dfrac{d\zeta}{d\tau} = \dfrac{dz}{dt} : \left(1 - \dfrac{w}{c^2}\dfrac{dx}{dt}\right)\varkappa\,. \end{cases}$$

Setzen wir diese in v_σ ein, so erhalten wir die Beziehung

$$(87)\qquad v_\sigma{}^2 = c^2 - (c^2 - w^2)(c^2 - v^2) : \left(c - \beta\frac{dx}{dt}\right)^2,$$

welche an Stelle der wesentlich einfacheren Beziehung (68a) hier die relative Geschwindigkeit v_σ des Punktes A gegen den Körper K bestimmt. Wie die Ausdrücke (86) unmittelbar zeigen, geht die Formel (87) in (69a), bzw. (46a) über, falls w gegen c verschwindend klein ist, also $\beta = w : c = 0$ gesetzt werden kann. Das entspricht aber den irdischen Bewegungen in vielen Fällen, da $c = 3 \cdot 10^8\,\mathrm{ms}^{-1}$, also gegen die Geschwindigkeiten der beobachtbaren Bewegungen als unendlich groß angesehen werden darf.

Obgleich sonach insbesondere die technischen Anwendungen der Bewegungslehre eine Berücksichtigung dieser neuen Relativitätstheorie nicht erforderlich machen, ist es doch angezeigt, an dieser Wandlung der Grundlagen der Bewegungslehre nicht vorüber zu gehen, weil sie den Ausgangspunkt der hauptsächlich von A. Einstein entwickelten allgemeinen Relativitätstheorie bilden, die für die Erkenntnis des Naturgeschehens von noch nicht zu übersehender Bedeutung werden kann.